高等法律职业教育系列教材
审定委员会

主　任　张文彪

副主任　张友生　万安中

委　员　（按姓氏笔画排序）

　　　　王　亮　王冰路　刘　洁　刘晓辉

　　　　李雪峰　李忠源　陈晓明　周静茹

　　　　项　琼　盛永彬　黄惠萍

高等法律职业教育系列教材

数据库技术实训教程

SHUJUKU JISHU SHIXUN JIAOCHENG

主　审 ○陈晓明

主　编 ○陈　丹　陈晓明

撰稿人 ○（以撰写章节先后为序）

　　　　陈晓明　陈　丹　黄少荣

　　　　李玲俐　万晓辉

中国政法大学出版社

2015 · 北京

图书在版编目（ＣＩＰ）数据

数据库技术实训教程/陈丹，陈晓明主编. —北京：中国政法大学出版社,2015.8
ISBN 978-7-5620-6204-2

Ⅰ.①数… Ⅱ.①陈… ②陈… Ⅲ.①数据库系统-教材 Ⅳ.①TP311.13

中国版本图书馆CIP数据核字(2015)第173454号

出　版　者　　中国政法大学出版社

地　　址　　北京市海淀区西土城路 25 号

邮　　箱　　fadapress@163.com

网　　址　　http://www.cuplpress.com（网络实名：中国政法大学出版社）

电　　话　　010-58908435(第一编辑部)　58908334(邮购部)

承　　印　　固安华明印业有限公司

开　　本　　787mm×1092mm　1/16

印　　张　　16.25

字　　数　　355 千字

版　　次　　2015 年 8 月第 1 版

印　　次　　2015 年 8 月第 1 次印刷

印　　数　　1～1000

定　　价　　38.00 元

总 序
Preface

　　高等法律职业化教育已成为社会的广泛共识。2008 年，由中央政法委等 15 部委联合启动的全国政法干警招录体制改革试点工作，更成为中国法律职业化教育发展的里程碑。这也必将带来高等法律职业教育人才培养机制的深层次变革。顺应时代法治发展需要，培养高素质、技能型的法律职业人才，是高等法律职业教育亟待破解的重大实践课题。

　　目前，受高等职业教育大趋势的牵引、拉动，我国高等法律职业教育开始了教育观念和人才培养模式的重塑。改革传统的理论灌输型学科教学模式，吸收、内化"校企合作、工学结合"的高等职业教育办学理念，从办学"基因"——专业建设、课程设置上"颠覆"教学模式："校警合作"办专业，以"工作过程导向"为基点，设计开发课程，探索出了富有成效的法律职业化教学之路。为积累教学经验、深化教学改革、凝塑教育成果，我们着手推出"基于工作过程导向系统化"的法律职业系列教材。

　　《国家（2010～2020 年）中长期教育改革和发展规划纲要》明确指出，高等教育要注重知行统一，坚持教育教学与生产劳动、社会实践相结合。该系列教材的一个重要出发点就是尝试为高等法律职业教育在"知"与"行"之间搭建平台，努力对法律教育如何职业化这一教育课题进行研究、破解。在编排形式上，打破了传统篇、章、节的体例，以司法行政工作的法律应用过程为学习单元设计体例，以职业岗位的真实任务为基础，突出职业核心技能的培养；在内容设计上，改变传统历史、原则、概念的理论型解读，采取"教、学、练、训"一体化的编写模式。以案例等导出问题，根据内容设计相应的情境训练，将相关原理与实操训练有机地结合，围绕关键知识点引入相关实例，归纳总结理论，分析判断解决问题的途径，充分展现法律职业活动的演进过程和应用法律的流程。

法律的生命不在于逻辑，而在于实践。法律职业化教育之舟只有驶入法律实践的海洋当中，才能激发出勃勃生机。在以高等职业教育实践性教学改革为平台进行法律职业化教育改革的路径探索过程中，有一个不容忽视的现实问题：高等职业教育人才培养模式主要适用于机械工程制造等以"物"作为工作对象的职业领域，而法律职业教育主要针对的是司法机关、行政机关等以"人"作为工作对象的职业领域，这就要求在法律职业教育中对高等职业教育人才培养模式进行"辩证"地吸纳与深化，而不是简单、盲目地照搬照抄。我们所培养的人才不应是"无生命"的执法机器，而是有法律智慧、正义良知、训练有素的有生命的法律职业人员。但愿这套系列教材能为我国高等法律职业化教育改革作出有益的探索，为法律职业人才的培养提供宝贵的经验、借鉴。

2010 年 11 月 15 日

前 言

数据库技术是研究数据库的结构、存储、设计、管理以及应用的基本理论和实现方法，已成为计算机科学教育中的一个核心部分。Microsoft Office Access 2010 是一个数据库管理软件，它提供了一组功能强大、完善的控件工具，主要包括数据库基本框架、表的创建、查询的创建和使用、可视化窗体的创建与使用、报表的创建与输出、模块及宏的使用等。Access 2010 比较适应职业教育需要，能够同时满足初学者和专业开发人员的需求。

本书详细地介绍了 Access 2010 数据库技术及其在管理信息系统开发中的应用。以一个完整的"教学管理系统"的数据库实际开发应用案例贯穿教材，力求内容上准确精要、层次清晰、通俗易懂，有助于帮助读者了解信息化过程中数据库的设计方法与步骤。全书共分为九个学习项目，系统应用案例分解为多个项目的任务、实例，安排在项目三至项目九中。

项目一：数据库基础知识。介绍了数据库的基本概念、数据库的发展及数据模型。重点是一些常用的术语和基本概念的理解。

项目二：Access 2010 简介。介绍了 Access 2010 的功能和特点、系统界面及如何创建数据库。

项目三：创建和管理数据表。介绍了表结构的设计，创建表的几种方法，表记录的输入、编辑、查找与替换的方法，字段属性的设置，主键与索引的建立，表之间关系的建立等内容。

项目四：创建查询。介绍了查询的类型，选择查询、交叉表查询、操作查询、参数查询的创建，难点是分类汇总查询和 SQL 查询。

项目五：创建窗体。介绍了窗体的组成、窗体的创建、窗体的属性、窗体中控件的使用以及如何利用窗体控件创建窗体。

项目六：创建报表。介绍报表的组成、报表的创建方法及各类不同报表的设计方法。

项目七：创建宏。介绍宏的概念、宏的基本操作、宏的应用等内容。

项目八：模块与 VBA 编程。介绍模块的基本知识，VBA 程序设计基础，VBA 程序结构、过程，以及 VBA 与窗体的组合应用等。

项目九：数据库安全管理。介绍 Access 2010 新增的安全性能、设置数据库密码的方法、压缩数据库的方法、备份及修复数据库的方法。

本书由陈丹、陈晓明主编。其中，项目二、三、四、五由陈丹编写，项目一由陈晓明编写，项目六由黄少荣编写，项目七由李玲俐编写，项目八、九由万晓辉编写。全书由陈丹组织编写和统稿，陈晓明主审。

在编写过程中，得到了教务、科研部门的支持和兄弟院校专业老师的有益帮助，在此致以衷心的感谢。

本书的所有实例均通过在 Access 2010 环境中运行检验。鉴于 Access 2010 功能强大，而本教科书因篇幅及作者水平及视界所限，难免会有错误和疏漏之处，恳请广大读者给予批评指正。

编　者

2015 年 3 月

内容简介
Abstract

本书是为适应职业教育和自学的信息类专业学生、读者编写的基于 Microsoft Office Access 2010 技术的教材。本书以"教学管理系统"项目的开发过程为主线,通过项目、任务驱动方式展开教学,内容由浅入深,突出实用性应用教学特点。全书分为 9 个学习项目,分别通过项目、任务介绍数据库基础知识、Access 2010 创建和管理数据表、创建查询、创建窗体、创建报表、创建宏、模块与 VBA 编程和数据库安全管理知识、技术,引导学生在学习、掌握信息化过程中掌握数据库应用开发的设计方法与步骤。

本书既可以作为高职院校数据库技术课程教材,亦可供数据库设计和开发的相关技术人员自学、参考。

目 录
Contents

项目一

数据库基础知识

 知识能力与目标

◇ 了解数据库的基本知识；

◇ 掌握数据库的相关概念；

◇ 了解数据库的发展历程。

任务一　数据库基本知识

数据库技术是通过研究数据库的结构、存储、设计、管理以及应用的基本理论和实现方法，并利用这些理论来实现对数据库中的数据进行处理、分析和理解的技术。即数据库技术是研究、管理和应用数据库的一门软件科学。

数据库技术研究和管理的对象是数据，所以数据库技术所涉及的具体内容主要包括：通过对数据的统一组织和管理，按照指定的结构建立相应的数据库和数据仓库；利用数据库管理系统和数据挖掘系统设计出能够实现对数据库中的数据进行添加、修改、删除、处理、分析、理解、报表和打印等多种功能的数据管理和数据挖掘应用系统；并利用应用管理系统最终实现对数据的处理、分析和理解。

一、数据库发展历史

1. 1963 年美国 Honeywell 公司的 IDS（Integrated Data Store）系统投入运行，揭开了数据库技术的序幕。

2. 20 世纪 70 年代是数据库蓬勃发展的年代。

3. 20 世纪 80 年代，关系数据库系统由于使用简便以及硬件性能的改善，逐步代替网状数据库系统和层次数据库系统占领了市场。

4. 20 世纪 90 年代，关系数据库已成为数据库技术的主流。

5. 21 世纪以后，无论是市场的需求还是技术条件的成熟，对象数据库技术、网络数据库技术的推广和普及已成定局。

二、主要数据库系统

Microsoft Office Access 是由微软发布的关系数据库管理系统，是 Microsoft Office 的系统程序之一，在包括专业版和更高版本的 Office 版本里面被单独出售。它结合了 Microsoft Jet Database Engine 和图形用户界面两项特点，是把数据库引擎的图形用户界面和软件开发工具结合在一起的一个数据库管理系统。

SQL Server 是 Microsoft 公司推出的关系型数据库管理系统，具有使用方便、可伸缩性好、与相关软件集成程度高等优点，可跨越从运行 Microsoft Windows 98 的膝上型电脑到运行 Microsoft Windows 2012 的大型多处理器的服务器等多种平台使用。

Microsoft SQL Server 是一个全面的数据库平台，使用集成的商业智能（BI）工具提供了企业级的数据管理。Microsoft SQL Server 数据库引擎为关系型数据和结构化数据提供了更安全可靠的存储功能，使用户可以构建和管理用于业务的高可用和高性能的数据库应用程序。

Oracle Database（又名 Oracle RDBMS，或简称 Oracle）是甲骨文公司的一款关系数据库管理系统。Oracle 数据库系统在数据库领域一直处于领先地位，可以说是目前世界上流行的关系数据库管理系统，其可移植性好、使用方便、功能强，适用于各类大、中、小、微机环境，是一种高效率、可靠性好且适应高吞吐量的数据库解决方案。

任务二　数据库的基本概念

一、数据

数据是描述事物的符号记录。除了常用的数字数据外，文字（如名称）、图形、图像、声音等信息，也都是数据。日常生活中，人们使用交流语言（如汉语）去描述事物。但在计算机中，为了存储和处理这些事物，就要抽象出对这些事物长年累月感兴趣的特征组成一个记录来进行描述。例如，在日常的学生管理事务中，可以对学生的编号、姓名、性别、年龄等情况作这样的一个描述：XY201301，张三，男，19。

数据与其语义是不可分的。对于以上信息，了解其语义的人会得到如下信息：学生的编号为 XY201301，学生的姓名是：张三，学生的性别是：男，学生的年龄是：19。如果不了解其语义，则无法理解其含义。因此，数据的形式本身并不能完全表达其内容，需要经过语义解释。

二、数据处理和数据管理

数据处理是指从某些已知的数据出发，推导加工出一些新的数据，这些新的数据又表示了新的信息。

数据管理是指数据的收集、整理、组织、存储、维护、检索、传送等操作，这部分操作是数据处理业务的基本环节，而且是任何数据处理业务中必不可少的共有部分。

数据处理是与数据管理相联系的，数据管理技术的优劣，将直接影响数据处理的效率。

三、数据库

数据库（Database，DB），是长期存储在计算机内有组织的、统一管理的相关数据的集合。DB 能为各种用户共享，具有较小冗余度、数据间联系紧密而又有较高的数据独立性等特点。

四、数据库管理系统

数据库管理系统（Database Management System，DBMS）是位于用户与操作系统（OS）之间的一层数据管理软件，它为用户或应用程序提供访问 DB 的方法，包括 DB 的建立、查询、更新及各种数据控制。DBMS 总是基于某种数据模型，可以分为层次模型、网状模型、关系模型和面向对象模型等。数据库与数据库管理系统的关系如图 1－1 所示。

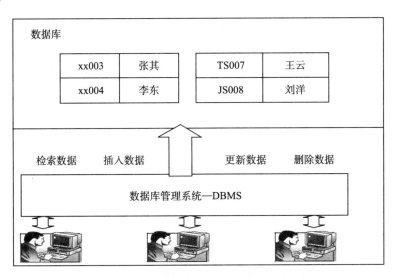

图 1－1　数据库与数据库管理系统

五、数据库系统

数据库系统（Database System，DBS）是实现有组织地、动态地存储大量关联数据、方便多用户访问的计算机硬件、软件和数据资源组成的系统，即它是采用数据库技术的计算机系统。

数据库系统是一个实际可运行的存储、维护和应用系统提供数据的软件系统，是存储介质、处理对象和管理系统的集合体，它通常由软件、数据库和数据库管理员组成。其软件主要包括操作系统、各种宿主语言、实用程序以及数据库管理系统。数据库由数据库管理系统统一管理，数据的插入、修改和检索均要通过数据库管理系统进行。数据库管理员负责创建、监控和维护整个数据库，使数据能被任何有权使用的人有效使用。数据库管理员一般由业务水平较高、资历较深的人员担任。

六、数据库技术

数据库技术是研究数据库的结构、存储、设计、管理和使用的一门软件学科。

任务三　数据管理技术的发展

数据管理技术的发展经历了人工管理、文件系统、数据库和高级数据库四个阶段。

一、人工管理阶段

在人工管理阶段（20世纪50年代中期以前），计算机主要用于科学计算，其他工作还没有展开。外部存储器只有磁带、卡片和纸带等，还没有磁盘等字节存取存储设备。软件只有汇编语言，尚无数据管理方面的软件。数据处理的方式基本上是批处理。

此阶段的数据管理有以下几个特点：①数据不保存在计算机内，没有专用的软件对数据进行管理。②只有程序的概念，没有文件的概念。③数据的组织方式必须由程序员自行设计与安排。④数据是面向程序，即一组数据对应一个程序。

二、文件系统阶段

在文件系统阶段（20世纪50年代后期至60年代中期），计算机不仅用于科学计算，还用于信息管理。随着数据量的增加，数据的存储、检索和维护问题成为紧迫的需要，数据结构和数据管理技术迅速发展起来。此时，外部存储器已有磁盘、磁鼓等直接存取存储设备。软件领域出现了高级语言和操作系统。操作系统中的文件系统是专门管理外存的数据管理软件。数据处理的方式有批处理，也有联机实时处理。

此阶段的数据管理有以下几个特点：①数据以"文件"形式可长期保存在外部存储器的磁盘上。②数据的逻辑结构和物理结构有了区别，但是比较简单。③文件组织多样化。④有索引文件、链接文件和直接存取文件等。⑤数据不再属于某个特定的程序，可以重复使用，数据是面向应用的。

但是，随着数据管理规模的扩大，数据量也急剧增加。文件系统管理数据逐渐暴露出三个缺陷：数据冗余、数据不一致和数据联系弱。

三、数据库阶段

1968 年美国 IBM 公司推出层次模型的 IMS 系统。1969 年美国 CODASYL 组织发布了 DBTG 报告，总结了当时各式各样的数据库，提出网状模型。1970 年美国 IBM 公司的 E. F. Codd 连续发表论文，提出关系模型，奠定了关系数据库的理论基础。此 20 世纪 60 年代末三件大事标志着数据管理技术进入数据库阶段。

此阶段的数据管理有以下几个特点：采用数据模型表示复杂的数据结构，有较高的数据独立性。

数据库系统为用户提供了方便的用户接口。数据库系统提供了以下四个方面的数据控制功能：数据库的并发控制、数据库的恢复、数据的完整性和数据的安全性。增加了系统的灵活性。

四、高级数据库阶段

高级数据库阶段将数据库技术发展到更高的水平，扩展了数据库在分布上的便利性，使数据管理更加快捷。该阶段包括分布式数据库系统、对象数据库系统和网络数据库系统。

（一）分布式数据库

分布式数据库如图 1-2 所示，数据库的数据在物理上分布在各个场地，但逻辑上是一个整体。每个数据库既可以执行局部访问，也可以执行全局应用访问。

各地的计算机由数据通信网络互相联系。本地计算机单独不能胜任的处理任务，可以通过通信网络取得其他数据库计算机的支持。

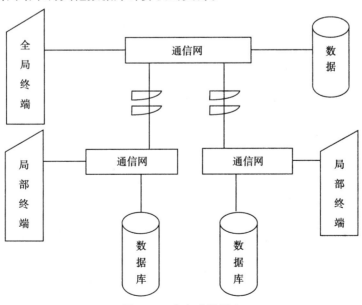

图 1-2　分布式数据库

（二）对象数据库

对象数据库模型能完整地描述现实世界的数据结构，能表达数据间嵌套、递归的联系。

它具有面向对象技术的封装性（把数据与操作定义在一起）和继承性（继承数据结构和操作）的特点，可提高软件的可重用性。

（三）网络数据库

网络数据库规模大、数据量多、增长速度、更新速度快、周期短。网络数据库品种繁多，内容丰富，使用快捷，无时空限制，并且对信息资源的查找利用具有选择与限定的自由。

习　题

一、选择题

1. Access 的数据库类型是（　　）。

A. 层次数据库　　　B. 网状数据库　　　C. 关系数据库　　　D. 面向对象数据库

2. 数据库系统的核心问题是（　　）。

A. 数据采集　　　　　　　　　B. 数据分析

C. 信息管理　　　　　　　　　D. 数据处理

3. 关于数据库系统描述不正确的是（　　）。

A. 可以实现数据共享　　　　　B. 可以减少数据冗余

C. 可以表示事物和事物之间的联系　　D. 不支持抽象的数据模型

4. 从本质上说，Access 是（　　）。

A. 分布式数据库系统　　　　　B. 面向对象的数据库系统

C. 关系型数据库系统　　　　　D. 文件系统

5. 关系数据库管理系统中，所谓的关系是（　　）。

A. 各条记录中的数据有一定的关系

B. 一个数据库文件与另一个数据库文件之间有一定的关系

C. 数据模型符合满足一定条件的二维表格式

D. 数据库中各个字段之间有一定的关系

6. 不属于常用的数据模型的是（　　）。

A. 层次模型　　　B. 网状模型　　　C. 概念模型　　　D. 关系模型

7. 下列不属于关系数据库术语的是（　　）。

A. 记录　　　B. 字段　　　C. 数据项　　　D. 模型

8. 在关系数据模型中，域是指（　　　）。

A. 字段　　　　　　　　B. 记录　　　　　　　　C. 属性　　　　　　　　D. 属性的取值范围

9. 在数据库技术发展的四个阶段中，数据共享最好的是（　　　）。

A. 人工管理阶段　　　　　　　　　　B. 文件系统阶段

C. 数据库阶段　　　　　　　　　　　D. 高级数据库阶段

10. 数据库应用系统中的核心问题是（　　　）。

A. 数据库设计　　　　　　　　　　　B. 数据库系统设计

C. 数据库维护　　　　　　　　　　　D. 数据库管理员培训

11. 数据库的基本特点是（　　　）。

A. 数据可以共享，数据冗余大，数据独立性高，统一管理和控制

B. 数据可以共享，数据冗余小，数据独立性高，统一管理和控制

C. 数据可以共享，数据冗余小，数据独立性低，统一管理和控制

D. 数据可以共享，数据冗余大，数据独立性低，统一管理和控制

12. 下列关于数据库特点的叙述中，正确的是（　　　）。

A. 数据库减少了数据冗余

B. 数据库避免了数据冗余

C. 数据库中的数据一致性是指数据类型一致

D. 数据库系统比文件系统能够管理更多数据

13. 按数据的组织形式，数据库的数据模型可分为三种模型，它们是（　　　）。

A. 小型、中型和大型　　　　　　　　B. 网状、环状和链状

C. 层次、网状和关系　　　　　　　　D. 独享、共享和实时

14. 数据库管理系统是（　　　）。

A. 操作系统的一部分　　　　　　　　B. 在操作系统支持下的软件系统

C. 一种编译系统　　　　　　　　　　D. 一种操作系统

15. 在关系模型数据库中，下列不是关系模型数据库特点的是（　　　）。

A. 统一关系中不允许有相同的属性名

B. 关系中不允许有完全相同的元组

C. 关系中的元组的次序或列的次序无关紧要

D. 每个属性是可以再分割的数据单元，即表中还包含表

二、填空题

1. 数据库系统的核心是_____。

2. 在数据库中能够惟一标识一个元组的属性或属性组合称为_____。

3. 数据库处理技术经历了_____、_____、_____以及分布式数据库管理等四个发展阶段。

4. 在_____系统中，不容易做到数据共享；在_____系统中，容易做到数据共享。

5. 层次模型是一个_____结构，关系模型是一个_____结构。

6. 在关系数据库中，基本的数据结构是_____，表之间的联系常通过不同表中的_____来体现。

7. 分布式数据库系统既支持客户的_____应用，又支持客户的_____应用。

8. 层次型、网状型和关系型数据库的划分原则是_____。

——项目二——

Access 2010 简介

 知识能力与目标

◇ 了解 Access 2010 的功能及特点；

◇ 熟练掌握 Access 2010 的启动与退出方法；

◇ 熟悉 Access 2010 的工作界面；

◇ 掌握创建数据库的方法。

任务一　Access 2010 简介

Access 2010 是一种简单易学的小型关系数据库管理系统，它是微软 Office 系列办公软件包的重要组成部分，可以用来管理企业的简单列表，也可以在局域网和互联网上管理复杂的多用户数据库应用软件。不管是处理公司的客户订单数据、管理自己的个人通讯录，还是大量科研数据的记录和处理，人们都可以利用它来解决大量的数据管理工作。

在 Access 2010 中，可以构造应用程序来存储和归档数据，并可以使用多种方式进行数据的筛选、分类和查询，还可以通过显示在屏幕上的窗体来查询数据，或生成报表并将数据按一定的格式打印出来。

Access 2010 支持多种数据格式，其中包括可扩展标记语言（XML）、OLE、开放式数据库连接（Open DataBase Connection，ODBC）、信息共享和文档协作服务。在数据库中能导入、导出和链接其他数据。

Access 2010 的界面外观新颖、友好、易学易用、接口灵活，是比较典型的新一代桌面数据库管理系统。

一、Access 2010 的功能

Access 2010 是一个数据库管理软件，它提供了一组功能强大、完善的控件工具，主要包括数据库基本框架、表的创建、查询的创建与使用、可视化窗体的创建与使用、报表的创建与输出、模块及宏的使用等。Access 2010 能够同时满足初学者和专业开发

人员的需求。Access 2010 的功能有以下七点：

1. 组织数据。数据库管理系统最主要的作用就是组织、管理各种各样的数据。Access 2010 的表对象是用于组织数据的基本模块。组织数据就是按预先的设计建立各个表的结构，把各种类型的数据分别存放在不同的表中，并建立各表之间的联系，从而把相关数据有机地组织在一起。

2. 建立查询。查询是建立数据库的主要目的之一。查询对象是用于建立查询的基本模块，通过创建查询来查找指定条件的数据，更新或删除记录，或对数据执行各种计算。

3. 设计窗体。窗体是用户和数据库应用程序之间的接口之一，在数据库系统中应用窗体可提供数据操作的安全性，并可丰富用户操作界面。通过它可以直接或间接调用宏或模块，并执行查询、打印、预览、计算等功能，或者对数据库进行修改。

4. 输出报表。Access 2010 中的报表对象是用于生成报表和打印报表的基本模块。报表可以用来分析数据或以特定方式打印数据。

5. 建立数据共享机制。Access 2010 提供了与其他应用程序的接口，即数据的导入和导出。通过这些功能，可将其他系统的数据导入 Access 2010 的数据库，也可将 Access 2010 的数据导出到其他系统中。

6. 建立超链接。将一个字段的数据类型定义成超链接，并将 Internet 或局域网中的某个对象赋予这个超链接，当用户在数据表或窗体中双击该超链接字段时，就可以启动浏览器，并进入该超链接所指的对象。

7. 建立应用系统。Access 2010 提供了宏和 VBA，可将各种数据库及其对象连接在一起，从而形成一个数据库应用系统。

二、Access 2010 的特点

1. 存储方式简单，易于维护和管理。Access 管理的对象有表、查询、窗体、报表、宏和模块，以上对象都存放在扩展名为（. mdb 或 . accdb）的数据库文件中，便于用户操作和管理，具有强大的数据处理功能。

2. 面向对象。Access 是一个面向对象的开发工具，利用面向对象的方式将数据库系统中的各种功能对象化，将数据库管理的各种功能封装在各类对象中。Access 将一个应用系统当做是由一系列对象组成的，对每个对象都定义一组方法和属性，以定义该对象的行为和属性，用户还可以按需要给对象扩展方法和属性。通过对象的方法、属性，完成数据库的操作和管理，极大地简化了用户的开发工作。同时，这种基于面向对象的开发方式，使得开发应用程序更为简便，可完善地管理各种数据库对象，具有强大的数据组织、用户管理、安全检查等功能。

3. 界面友好、易操作。Access 是一个可视化工具，其风格与 Windows 完全一样，用户想要生成对象并应用，只要使用鼠标进行拖放即可，非常直观方便。系统还提供了表生成器、查询生成器、报表设计器以及数据库向导、表向导、查询向导、窗体向

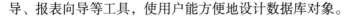

导、报表向导等工具，使用户能方便地设计数据库对象。

4. 集成环境、处理多种数据信息。Access 2010 是基于 Windows 操作系统下的集成开发环境，该环境集成了各种向导和生成器工具，极大地提高了开发人员的工作效率，使得建立数据库、创建表、设计用户界面、设计数据查询、报表打印等可以方便有序地进行，可以方便地生成各种数据对象。

5. Access 2010 支持 ODBC（Open Database Connectivity，开放数据库互联），利用 Access 强大的 DDE（Dynamic Data Exchange，动态数据交换）和 OLE（Object Link Embed，对象的连接和嵌入）特性，可以在一个数据表中嵌入位图、声音、Excel 表格、Word 文档，还可以建立动态的数据库报表和窗体等。

6. 支持广泛，易于扩展。Access 能够通过链接表的方式来打开 Excel 文件、格式化文本文件等，这样就可以利用数据库的高效率对其中的数据进行查询、处理，它作为 Office 套件的一部分，可以与 Office 集成，实现无缝连接。Access 2010 可以只用来存放数据库，也可以作为一个客户端开发工具来进行数据库应用系统开发，还可以通过以 Access 2010 作为前台客户端，以 SQL Server 作为后台数据库的方式开发方便、易用的小型软件，也可以用来开发大型数据库应用系统。

任务二　Access 2010 的启动与退出

一、启动 Access 2010

启动 Access 2010 的方法有很多，最常用的方法有：

1. 快捷方式启动。双击桌面上的"Microsoft Access 2010"快捷方式图标可启动 Access 2010。

2. "开始"菜单启动。单击"开始"→"所有程序"→"Microsoft Office"→"Microsoft Access 2010"。如图 2-1 所示。

图 2-1　开始菜单启动

3. 通过"资源管理器"启动。在"资源管理器"窗口中，双击要打开的数据库文件，也可以启动 Access 2010，并打开该数据库文件。

二、退出 Access 2010

当用户对数据库操作完毕后，需要关闭打开的数据库，以免数据丢失。退出 Access 2010 有以下两种常用方法：

1. 单击标题栏右边的"关闭"按钮。

2. 单击"文件"→"退出"命令。

任务三 Access 2010 的系统界面

一、Access 2010 的 Backstage 视图

Backstage 是一个公开活动文档的文件级功能的全屏用户界面模型，它是用户界面的一部分，替代了早期版本分层菜单、工具栏和任务窗格构成的系统。Backstage 视图是功能区"文件"菜单上显示的命令集合，还包含适用于整个数据库文件的其他命令。在打开 Access 2010 但未打开数据库时可以看到 Backstage 视图，通过 Backstage 视图可以快速访问常见的功能，如"打开"、"新建"等命令操作，还能直接从 Office.com 下载更多 Access 模版或通过 SharePoint Server 将数据库发布到 Web，执行文件和数据库维护任务。从"开始"菜单或快捷方式启动 Access 2010，Backstage 视图随即出现，如图 2-2 所示。

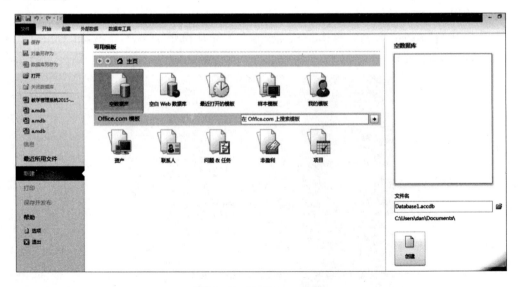

图 2-2 Backstage 视图

Backstage 视图会根据命令对用户的重要程度和用户与命令的交互方式来突出显示某些命令。Backstage 视图可以帮助使用者发现和使用功能区中编写功能以外的处理文档功能，包括创建新数据库、打开现有数据库、通过 SharePoint Server 将数据库发布到 Web、执行多文件和数据库维护任务。

二、Access 2010 的工作界面

启动 Access 2010 之后，进入 Access 2010 的工作界面，如图 2 - 3 所示。该窗口主要包括标题栏、快速访问工具栏、工作区、导航窗格和状态栏。

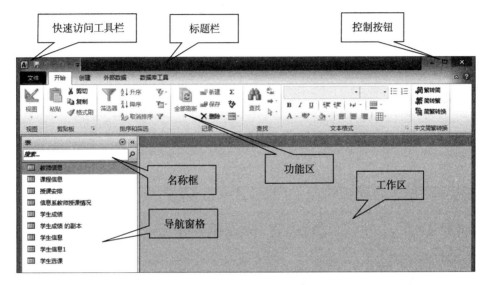

图 2 - 3　Access 2010 的系统界面

1. 标题栏。标题栏位于工作窗口的最上方，包含文档标题、应用程序名称、最小化按钮、最大化按钮和关闭按钮。

2. 快速访问工具栏。使用 Access 快速访问工具栏可以快速访问常用的命令、如"保存"　，"撤销"　等。如果想在快速访问工具栏中添加其他的常用命令，可单击快速访问工具栏右侧的"自定义快速访问工具栏"按钮，然后进行勾选就可以了。

3. 功能区。功能区位于标题栏的下方，它由一系列包含命令的命令选项卡组成。在 Access 2010 中，主要的命令选项卡包括"文件"、"开始"、"创建"、"外部数据"、"数据库工具"。每个选项卡都包含多组相关命令，这些命令组展现了其他一些新的用户界面元素（如样式库，它是一种新的控件类型，能够以可视方式表示选择）。

功能区上提供的命令还反映了当前活动的对象。例如，如果在数据表视图中打开了一个表，并单击"创建"选项卡上的"窗体"按钮，则在"窗体"对象下，Access 将根据活动表创建窗体。某些功能区选项卡只在某些情况下出现，例如，只有在设计视图中打开对象的情况下，"设计"选项卡才会出现。

4. 工作区。工作区是指 Access 系统中各种工作窗口打开的区域。

5. 导航窗格。在 Access 2010 中打开数据库或创建新数据库时，数据库对象的名称将显示在导航窗格中。数据库对象包括表、窗体、报表、页、宏和模块。导航窗格取代了早期版本的 Access 中所用的数据库窗口。

三、功能区操作

1. 单击"文件"菜单，即可打开有关数据库文件操作的对话框，包括"新建"、"保存"、"对象另存为"、"数据库另存为"、"打开"、"关闭数据库"、"打印"和"保存并发布"命令，还包括该数据库的存储位置，是否对该数据库压缩或是否加密等操作，默认指向该数据库"信息"命令，如图 2-4 所示。

图 2-4 数据库文件操作界面

2. 单击"关闭"按钮 ✕ ，默认保存该数据库文件为"Database1. accdb"。选择"保存"命令是保存数据库中的表文件，选择"对象另存为"命令是将表保存为该表的副本。选择"保存并发布"命令可将数据库文件保存为早期版本格式的"Database1. mdb"。在打开的"保存并发布"对话框中可以单击"发布到 Access Services"，可以通过 Web 浏览器和 Access 共享数据库。其中 Access Services 是 SharePoint 2010 新增的一项服务应用程序，利用 Access Services，用户可以在浏览器中查看、编辑、更新由 Microsoft Access 2010 创建的数据库。利用 Access Services，可以把 Access 数据库中的各类对象（如表单、报表、导航等）转化成原生的 SharePoint 对象。

3. 单击"开始"菜单，可以进行复制、移动、粘贴，还可以选择不同的视图，设置当前字体特性，设置当前字体的对齐方式、使用记录（刷新、新建、保存、删除、汇总、拼写检查及更多），包括对记录进行排序和筛选及查找记录等操作。

4. 单击"创建"菜单，可以创建新表，在 SharePoint 网站上创建列表，创建查询、窗体、报表，创建宏、模块或类模块。利用"应用程序部件"可以按照已有的模版创建窗体。利用"模块"、"类模块"和"Visual Basic"可以编写 VBA 代码。

5. 单击"外部数据"菜单，可以导入或链接外部数据，发布成 PDF 格式的文件，也可以通过电子邮件收集和更新数据。

6. 单击"数据库工具"菜单，可以实施将部分或全部数据库移至新的或现有的 SharePoint 网站、运行宏、创建和查看表关系、显示/隐藏对象相关性、运行数据库文档或分析性能、将数据移至 Microsoft SQL Server 或 Access（仅限于表）数据库、管理 Access 加载项及创建或编辑 Visual Basic for Application（VBA）模块等操作。

任务四　Access 2010 数据库对象

数据库对象是 Access 2010 最基本的容器对象，它是一些关于某个特定主题或目的的信息集合，以一个单一的数据库文件（.accdb）形式存储在磁盘中，具有管理当前数据库中所有信息的功能。

Access 2010 有以下六种对象，不同的对象执行不同的任务。

一、表

表是数据库中存储数据的对象，是整个数据库系统的基础，也是数据库中其他对象的数据源。在开发数据库应用系统之前，开发者的首要工作是根据分析应用系统数据的需求，并根据分析的结果创建适用于系统需求的表结构。表对象中可以包含多个表，用户可以把一个复杂的表分成若干个相对独立的表，通过建立表之间的联系，将不同表中的数据联系起来，以实现多表操作。

在数据库窗口中选择"表"对象，数据库中所包含的表将全部显示在数据库窗口中。

二、查询

查询是数据库的主要功能之一。一个性能优良的数据库应用系统能根据用户提出的各种数据查询要求进行快速、有效地查询，并输出所有查询的结果。查询是以表为数据源的一个虚表，它依赖于表而存在。在 Access 2010 中，查询是专门用于检索和查看数据库的记录对象。利用查询可以从一个表或多个表中检索符合条件的记录，并把查询结果集中起来，形成一个动态的数据源，供用户使用。同时还可以利用查询实现数据的统计分析与计算。

在数据库窗口中选择"查询"对象，将显示出根据不同需要所创建的查询。

三、窗体

窗体类似于在 Windows 环境下的应用程序窗口，是一种用于输入和显示数据库中的表的数据对象，是应用程序与用户在屏幕上进行交流的特定窗口。利用窗体，可以设计各种应用程序。

在数据库窗口中选择"窗体"对象，将显示根据不同需要所创建的窗体。

四、报表

报表是数据库数据实现输出的一种形式。用户可以在一个表和一个查询或多个表和多个查询的基础上创建一个报表。报表功能不仅可以将数据库中的数据分析、处理结果打印输出，还可以对要输出的数据完成分类、分组汇总等。

在 Access 2010 中，报表对象允许用户不用编程，仅通过可视化的直观操作就可以轻松地设计报表。

在数据库窗口中选择"报表"对象，将显示数据库中所创建的所有报表。

五、宏

宏是指能自动执行某种操作的命令，是一个或多个操作的集合。一个宏包含一个或多个操作命令，其中每个操作都能实现某个特定的功能。利用宏，可以不编写任何代码，就能完成对数据库的一系列操作，甚至设计应用程序。

六、模块

模块对象是用 Visual Basic for Application（简称为宏语言 VBA）程序语言编写的程序集合，是应用程序开发人员的工作环境，用户可以利用宏语言编写程序的方式完成对数据库的所有管理任务。利用模块可以实现对数据库更复杂的操作。

任务五 创建数据库

在设计 Access 2010 数据库应用系统前，必须先创建一个数据库，然后再根据数据库设计要求添加对象。

【实例 2 -1】创建一个名为"教学管理系统"的空数据库。

操作步骤：

1. 打开 Access 2010。

2. 单击"空数据库"图标，单击"浏览"按钮，出现如图 2 -5 所示的"文件新建数据库"对话框。选择合适的保存路径，并在"文件名"处输入"教学管理系统"。

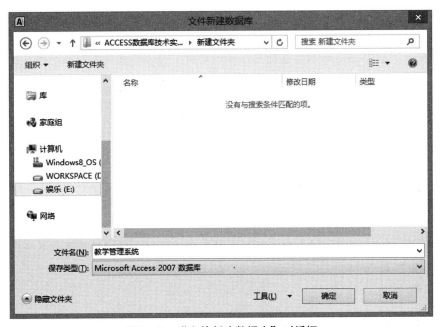

图 2-5　"文件新建数据库"对话框

3. 单击"确定"按钮，回到 Access 2010 操作界面。

4. 单击"创建"命令即可完成数据库的创建。

习　题

一、选择题

1. Access 2010 数据库管理系统不包含的对象是（　　）。

A. 表　　　　　　　　　　　　B. 查询

C. 窗体　　　　　　　　　　　D. 数据访问页

2. 用户和 Access 2010 应用程序之间的主要接口是（　　）。

A. 表　　　　　B. 宏　　　　　C. 查询　　　　　D. 窗体

3. Access 2010 的系统界面不包括（　　）。

A. 菜单栏　　　　B. 数据库窗口　　C. 标题栏　　　　D. 状态栏

4. 高版本的 Access 数据库在低版本的 Access 数据库管理系统中使用，应选择如下
（　　）操作。

A. 不用转换　　　　　　　　　B. 自动转换

C. 低版本转换高版本　　　　　D. 高版本转换低版本

5. 以下叙述中，正确的是（　　）。

A. Access 2010 只能使用菜单或任务窗格创建数据库应用系统

B. Access 2010 不具备程序设计能力

C. Access 2010 只具备了模块化程序设计能力

D. Access 2010 具有面向对象的程序设计能力，并能创建复杂的数据库应用系统

6. 以下不是 Access 2010 数据库对象的是（　　）。

A. 查询　　　　　　B. 窗体　　　　　　C. 宏　　　　　　D. 工作簿

7. 下列说法中正确的是（　　）。

A. Access 2010 中，数据库中的数据存储在表和查询中

B. Access 2010 中，数据库中的数据存储在表和报表中

C. Access 2010 中，数据库中的数据存储在表、查询和报表中

D. Access 2010 中，数据库中的数据都存储在表中

8. 在 Access 2010 中，随着打开数据库对象的不同而不同的操作区域称为（　　）。

A. 命令选项卡　　　　　　　　　B. 上下文选项卡

C. 导航窗格　　　　　　　　　　D. 工具栏

9. 在 Access 2010 中，建立数据库文件可以选择"文件"选项卡中的（　　）命令。

A. "新建"　　　　B. "创建"　　　　C. "Create"　　　　D. "New"

10. 以下关于 Access 2010 的说法中，不正确的是（　　）。

A. Access 2010 的界面采用了与 Microsoft Office 2010 系列软件完全一致的风格

B. Access 2010 可以作为个人计算机和大型主机系统之间的桥梁

C. Access 2010 适用于大型企业、学校、个人等用户

D. Access 2010 可以接受多种格式的数据

二、填空题

1. Access 2010 数据库的文件扩展名是_____。

2. Access 2010 的数据库对象包括_____。

3. Access 2010 默认的数据库文件夹是 C:\ _____。

4. 在 Access 2010 中要对数据库设置密码，必须以_____方式打开数据库。

5. 空数据库是指该文件中_____。

6. 在 Access 2010 主窗口中，从_____选项卡中选择"打开"命令可以打开一个数据库文件。

7. Access 2010 的工作界面包括"可用模版页"、_____、导航窗格、选项卡式文档、状态栏、微型工具栏和样式库。

8. Access 2010 是一种_____。

9. Access 2010 数据库属于_____数据库。

10. 数据库的英文缩写为_____。

三、思考题

1. Access 2010 的启动和退出各有哪些方法？
2. Access 2010 建立数据库的方法有哪些？
3. Access 2010 数据库的对象包括那几种？

项目三

创 建 和 管 理 数 据 表

 知识能力与目标

◇ 掌握表结构及字段类型、属性；

◇ 熟练掌握几种创建表的方法；

◇ 掌握有关表的各种操作；

◇ 掌握创建表之间关系的方法。

任务一　设计数据表结构

数据表是数据库中一个非常重要的对象，是其他对象的基础，数据库中的其他对象几乎都是依赖于表对象的存在而得以创建和使用的。创建了数据库之后，首要的任务就是创建所需的数据表。

数据表简称为表，由表结构和表中的数据两部分组成。

表结构是指表的框架，包括表名、字段名称、数据类型及相关属性。

一、表名

不同的表存储的数据各不相同，表名应该能体现表所存储数据的内容，可以让读者从表名中了解部分数据信息。

表名可以包含字母、汉字、数字和除了句号以外的特殊字符。表名最大长度不超过64个字符。Access规定，一个数据库中不能有重名的表。

二、字段名称

字段名称是用来标识字段的，可以是大写、小写、大小写混合的英文名称，也可以是中文名称。字段名称应遵循以下命名规则：

1. 字段名称的长度不能超过64个字符（包含空格）。

2. 字段名称可以是包含字母、数字、空格和特殊字符（除句号、感叹号和方括号外）的任意组合。

3. 字段名称不能包含控制字符（即 ASCII 码值为 0 ~ 32 的字符）。

4. 字段名称不能以空格开头。

三、数据类型

数据类型指定了在该字段中存储的数据的类型。Access 中经常用到的数据类型有 10 种：文本型、备注型、数字型、日期/时间型、货币型、自动编号、是/否、OLE 对象、超链接、查阅向导。表 3 – 1 列出了 Access 中用到的数据类型及用途。

表 3 – 1　Access 中的数据类型

数据类型	标　识	用　途	字段大小
文本	Text	文本或文本与数字的组合，一般不需要计算	最多为 255 个字符，或由字段大小属性设定长度
备注	Memo	长文本或文本与数字的组合	最多 65 535 个字符
数字	Number	用于数学计算中的数值数据	1、2、4 或 8 个字节
日期/时间	Date/time	表示日期和时间	8 个字节
货币	Money	用于数学计算的货币数值与数值数据，包含小数点后 1 ~ 4 位，整数最多 15 位	8 个字节
自动编号	AutoNumber	在添加记录时自动插入的唯一顺序或随机编号，此类型字段不能更新	4 个字节
是/否	Logical	用于记录逻辑型数据。Yes（－1）/No（0）	1 位
OLE 对象	OLE Object	连接或内嵌于 Access 数据表的对象，可以是 Microsoft Excel 电子表格、Word 文件、图形、声音等	最大为 1GB（受限于可用的磁盘空间）
超链接	Hyperlink	保存超链接的字段。超链接可以是 UNC 路径或 URL	最多存储 65 535 个字符
查阅向导	Lookup Wizard	创建字段，该字段允许使用组合框来选择另一个表或一个列表中的值	基于在向导中选择的值来设置数据类型

四、字段属性

每种类型的字段都具有多种属性，如字段大小、格式、输入掩码、标题、默认值、有效性规则、索引等。

1. 字段大小。字段大小属性可用来指定"文本"、"数字"或"自动编号"类型字段中存储的最大数据大小。

文本类型的字段大小范围是 1~255 个字符，系统默认为 50 个字符。

数字类型的字段可选择的字段大小有：字节、整型、长整型、单精度型、双精度型。系统默认是长整型。

表 3-2 数字型字段大小的属性取值

类型	取值范围	标识	小数位数	占用空间
字节	0 ~ 255（无小数位）	Byte	无	1 个字节
整型	-32 768 ~ 32 767（无小数位）	Integer	无	2 个字节
长整型	-2 147 483 648 ~ 2 147 483 647（无小数位）	Long	无	4 个字节
单精度型	负值：$-3.4 * 10^{38} ~ -1.4 * 10^{-45}$ 正值：$1.4 * 10^{-45} ~ 3.4 * 10^{38}$	Single	7	4 个字节
双精度型	负值：$-1.8 * 10^{308} ~ -4.9 * 10^{-324}$ 正值：$4.9 * 10^{-324} ~ 1.8 * 10^{308}$	Double	15	8 个字节

2. 格式。格式属性用来规定数据的现实格式。Access 允许为字段中的数据，在不改变其实际存储形式的情况下设置一种用于显示的格式。对于不同数据类型的字段，允许设置的格式属性是不同的。

数字型或者货币型字段允许设置的格式为"常规数字"、"货币"、"欧元"、"固定"、"标准"、"百分比"、"科学计数"等。

日期/时间型字段允许设置的格式为"常规日期"、"长日期"、"中日期"、"短日期"、"长时间"、"中时间"、"短时间"。

是/否型字段允许选择的现实格式为"真/假（-1 为 True，0 为 False）"、"是/否（-1 为是，0 为否）"、"开/关（-1 为开，0 为关）"。默认情况下，无论选择哪一种格式，是/否型字段在数据表视图中显示的都是复选框，只有在设计视图下方的"查阅"选项卡中将其"显示控件"属性改为"文本框"，所选择的显示格式才会起作用。

3. 输入掩码。为字段设置"输入掩码"属性，可用来规范该字段数据的输入格式及每一位上允许输入的数据内容，起到方便数据输入及减少输入错误的作用。输入掩码主要用于文本型和日期/时间型字段，也可以用于数字型或货币型字段。

输入掩码实际上是由若干个字符构成的一个特定字符串，由字面显示字符（如括号、句号、连字符等）和掩码字符（用于指定可以输入数据的位置及其数据种类等）组成。表 3-3 列出了 Access 允许的掩码字段及说明。

表3-3　输入掩码字符及说明

字符	说　明
0	必须输入数字0~9，不允许使用加号和减号
9	可以输入数字或空格，不允许使用加号和减号
#	可以输入数字或空格，空白将转换为空格，允许使用加号和减号
L	必须输入字母（A~Z）
?	可以输入字母（A~Z）
A	必须输入字母或数字
a	可以输入字母或数字
&	必须输入任一字符或空格
C	可以输入任一字符或空格
. , : ; - /	十进制占位符和千位、日期与时间的分隔符
<	使其后所有字符转换为小写
>	使其后所有字符转换为大写
\	使其后的字符以字面字符显示（例如，\ A 只显示为 A）
!	可以使输入掩码从右到左显示，而不是从左到右显示。可以在输入掩码中的任何位置使用感叹号
密码	创建密码输入文本框。文本框中键入的任何字符都按字面字符保存，但显示为星号（＊）

4. 标题。字段的"标题"属性允许用户指定一个更为直观、具体的字段标题文字，来替代在数据表视图、窗体或报表中显示的字段名称。

5. 默认值。默认值是指向表中添加新记录时，即使不输入，字段也会自动产生的默认取值。设置默认值的目的是减少数据的输入量。

6. 有效性规则和有效性文本。有效性规则用于限定输入到当前字段中的数据必须满足一定的条件，以保证数据的正确性。有效性文本是当输入的数据不满足该有效性规则时系统出现的提示。

7. 索引。使用索引可以加速在表中根据键值进行的搜索和排序，从而提高查找记录的效率。

任务二　创建"学生信息"表

Access 提供了多种创建数据表的方法：一是使用表设计视图创建表；二是通过输入数据直接创建表，此方法较为简单，但是不能对每一字段的类型、属性进行设置，还需在设计视图中进行修改；三是使用"导入表"的方式创建表，即使用"导入表"方式将其他数据库中的表或其他应用系统中的文件（如 Excel 表格）导入到当前数据库中，以生成新的表。

在创建表之前，首先要确定该表的结构。表 3 − 4 列出了"学生信息"表的结构。

表 3 − 4　"学生信息"表的结构

字段名称	数据类型	说明
学号	文本（8）	主键
姓名	文本（8）	
性别	文本（2）	从"男"和"女"两个值进行选择
系别	文本（10）	
班级编号	文本（8）	
出生日期	日期/时间	短日期
政治面貌	查阅向导	
籍贯	文本（6）	
入学成绩	数字（整型）	

创建"学生信息"表的操作步骤：

1. 打开"教学管理系统"数据库，如图 3 − 1 所示，单击"创建"菜单下的"表设计"按钮。

图 3 − 1　"教学管理系统"数据库

2. 在表设计视图下根据表 3 − 4 的内容输入字段名称并设置相应的数据类型，如图 3 − 2 所示。

字段名称	数据类型
学号	文本
姓名	文本
性别	文本
系别	文本
班级编号	文本
出生日期	日期/时间
政治面貌	文本
籍贯	文本
入学成绩	数字

图 3 − 2　创建"学生信息"表的结构

3. 单击左上角的"保存"按钮，在弹出的"另存为"对话框中输入表名称"学生信息"，如图 3-3 所示，单击"确定"按钮。

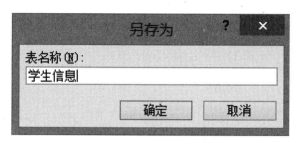

图 3-3   "另存为"对话框

4. 弹出图 3-4 所示的提醒对话框，单击"否"按钮。

图 3-4   提醒对话框

建好"学生信息"表的表结构后，在数据库窗口左边的表对象下，出现了"学生信息"表，双击"学生信息"表，右边出现表中的字段列表，在第二行（＊所在的行）输入具体的学生信息记录。

任务三   完善"学生信息"表

一、设置"查阅向导"型数据

如果字段的内容取自一组固定的数据，可以使用"查阅向导"数据类型。"查阅向导"通过创建一个包含"一组固定数据"的查阅列或值列表，为用户提供输入选择项，以提高输入效率并保证输入数据的准确性。创建"查阅向导"型数据可以采用"值列表"方式和"查阅列"方式。

【实例 3-1】将"学生信息"表中的"性别"字段设置为"查阅向导"类型。

操作步骤：

1. 右键单击表对象下的"学生信息"表，选择"设计视图"命令。

2. 单击"性别"数据类型处的下拉箭头，选择"查阅向导"命令，如图 3-5 所示。

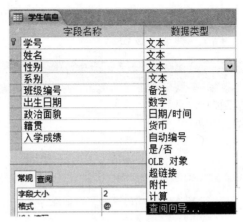

图 3-5　选择"查阅向导"命令

3. 弹出图 3-6 所示的"查阅向导"对话框,选择"自行键入所需的值",单击"下一步"按钮。

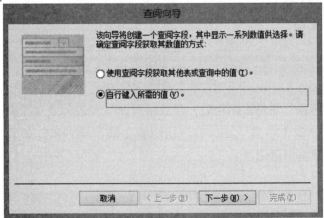

图 3-6　"查阅向导"步骤之一

4. 在"第一列"的下面两行分别写"男"和"女",单击"下一步"按钮,如图 3-7 所示。

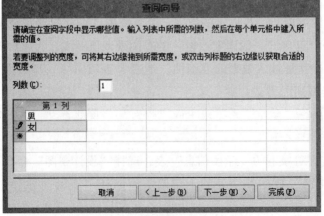

图 3-7　"查阅向导"步骤之二

5. 在"请为查阅字段指定标签"处，默认值"性别"不必更改，单击"完成"按钮，如图 3 - 8 所示。

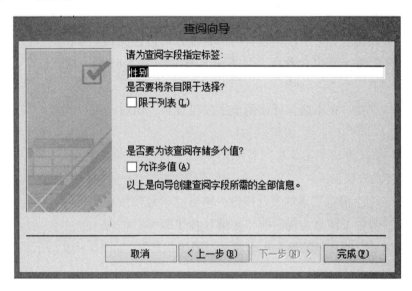

图 3 - 8　"查阅向导"步骤之三

打开"学生信息"表的"数据表视图"，如图 3 - 9 所示。单击"＊"号所在行的性别处的下拉箭头，可以看到有"男"和"女"两个性别可供选择。即如果添加新的记录，在性别处可通过鼠标进行选择，无需再输入。

2013019	王凯力	男	警察系
2013020	吴双	女	法律系
＊			
		男	
		女	

图 3 - 9 "查阅向导"效果

二、设置主键

为了提高 Access 在查询、窗体和报表操作中的快速查找能力，实现数据库中各表的关联，必须为数据库中的各表设置一个主键。

主键又称主关键字，是指一个字段或多个字段的组合，主键字段与其他字段不同的是，被定义为主键的字段，其值必须是唯一的，即不能有重复值。一个表如果设置了主键，表中记录的存取顺序就将依赖于主键。当一个表中不存在唯一值的字段时，可用多个字段组成主键，以保证表中所有的记录都能唯一标识。

主键分为"自动编号主键"、"单字段主键"和"多字段主键"。

1. 自动编号主键。将"自动编号"字段指定为表的主键是创建主键最简单的方法。如果在保存新建的表之前未设置主键，则系统会询问是否要创建主键（如图 3 – 4），若选择"是"，Access 将创建"自动编号"主键。

2. 单字段主键。如果字段中包含的都是唯一的值，例如学号，则可以将该字段设置为主键。只要某字段包含数据，且不包含重复值或 Null 值，就可以指定该字段为主键。

3. 多字段主键。在不能保证任何单字段包含唯一值时，可以将两个或更多的字段指定为主键。

【实例 3 – 2】为"学生信息"表设置主键。

设置主键的方法：

1. 打开"学生信息"表的设计视图，单击"学号"所在的行。

2. 单击工具栏上图案为钥匙的"主键"按钮即可。

此时"学号"所在行的最左边出现了一把"钥匙"，如图 3 – 10 所示，说明该字段是主键。

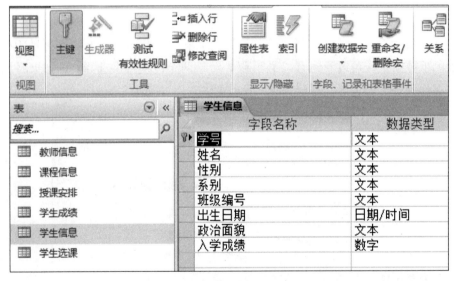

图 3 – 10　设置主键

主键既可以设置，也可以将主键从表中删除，若该主键与其他表创建了联系，则在删除主键前应删除这个关系。

删除主键的方法：

1. 打开表所在的数据库。

2. 在设计视图下打开所要删除主键的表。

3. 单击主键所在的字段名称。

4. 单击工具栏上的"主键"命令。

三、创建索引

在 Access 2010 中，除了 OLE 对象类型和备注类型外，其余类型字段都可以作为索引字段。

【**实例 3 - 3**】在"教学管理系统"数据库中，给"学生成绩"表的"学号"字段创建索引。

操作步骤：

1. 打开"教学管理系统"数据库。

2. 右键单击表对象下的"学生成绩"表，在弹出的快捷菜单中选择"设计视图"命令。

3. 单击字段名称列的"学号"，在"常规"选项卡下的"索引"右边选"有（有重复）"选项，如图 3 - 11 所示。

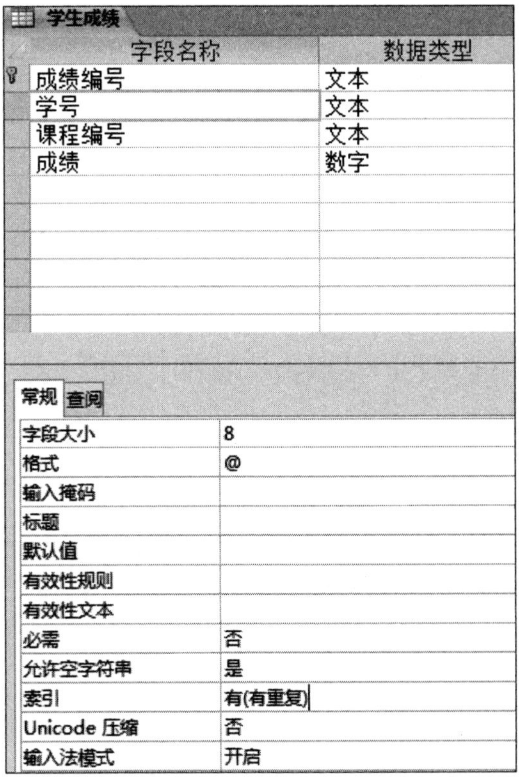

字段名称	数据类型
成绩编号	文本
学号	文本
课程编号	文本
成绩	数字

常规 查阅

字段大小	8
格式	@
输入掩码	
标题	
默认值	
有效性规则	
有效性文本	
必需	否
允许空字符串	是
索引	有(有重复)
Unicode 压缩	否
输入法模式	开启

图 3 - 11　创建索引

四、在"设计"视图中更改字段的名称

在设计好字段或创建好表之后，如果要更改字段的名称，可以在"设计"视图中进行，操作步骤如下所述：

1. 在"设计"视图中打开要更改字段名称的表。

2. 双击要更改的字段名称。

3. 输入新的字段名称。

五、修改字段属性

在设计好表结构之后，可以重新更改字段的属性，主要是更改"数据类型"和字段属性。如果在一个数据库中已经设置了表之间的关系，则只有在删除了关系之后才能更改字段的"数据类型"，但如果是更改"字段属性"中的参数，则基本不受关系的影响。

更改"数据类型"的步骤：

1. 打开表的"设计"视图，单击所要修改的字段的"数据类型"列。

2. 再单击右侧的下拉按钮，在弹出的下拉列表中选择所需的类型，然后单击"保存"按钮。

更改字段大小的步骤：

1. 打开表的"设计"视图，单击所要修改的字段，在"字段属性"栏的"常规"选项卡中出现"字段大小"属性。

2. 如果所选择的字段为文本型，则可以在"常规"选项卡的"字段大小"处直接输入字段的长度，最大值为255。

3. 如果所选择的字段为数字型，则单击"常规"选项卡的"字段大小"后出现下拉列表，从中选择所需要的类型，然后单击"保存"按钮。

任务四 创建"教师信息"表

【实例 3-4】使用数据表视图创建"教师信息"表，其结构如表 3-5 所示。

表 3-5 "教师信息"表的结构

字段名称	数据类型	说明
教师编号	文本（4）	主键
姓名	文本（8）	
性别	文本（2）	
入校时间	日期/时间	
政治面貌	文本（4）	
学历	文本（4）	
职称	文本（4）	
系别	文本（10）	
电话号码	文本（20）	设置输入掩码为"020－＊＊＊＊＊＊＊＊"

操作步骤：

1. 单击菜单"创建"下的"表"命令，则出现名为"表1"的空表，如图3－12所示。

图3－12 创建"教师信息"表

2. 双击 ID，输入"教师编号"。

3. 单击文字"单击以添加"处，选择数据类型"文本"，出现有底纹的"字段1"，直接输入"姓名"。

4. 按照步骤3依次添加字段"性别"、"入校时间"、"政治面貌"、"学历"、"职称"、"系别"和"电话号码"。

5. 单击"保存"按钮，保存为"教师信息"表。

6. 输入具体的每一条记录即可完成"教师信息"表的建立。

【实例3－5】 将"教师信息"表的"电话号码"字段的"输入掩码"设置为"020－********"的形式。其中"020－"部分自动输出，后8位为0~9的数字。

操作步骤：

1. 打开"教师信息"表的设计视图，单击字段名称"电话号码"。

2. 在"常规"选项卡的"输入掩码"右边输入""020－"00000000"，如图3－13所示。

字段名称	数据类型
🔑 教师编号	文本
姓名	文本
性别	文本
入校时间	日期/时间
政治面貌	文本
学历	文本
职称	文本
系别	文本
电话号码	文本

常规 查阅

字段大小	20
格式	
输入掩码	"020-"00000000

图3－13 设置输入掩码

3. 单击"保存"按钮即可。

"输入掩码"设置完成后,切换到数据表视图,单击新添加行的"电话号码"处,即可看到在该位置出现"020 – ＿ ＿ ＿ ＿ ＿ ＿ ＿ ＿",8 个下划线规定在此只能输入 8 位数字的电话号码,如图 3 – 14 所示。

教师编号	姓名	性别	入校时间	政治面貌	学历	职称	系别	电话号码
⊞ 3001	马悦	女	2004/7/1	党员	本科	副教授	信息系	020-87083330
⊞ 3002	闻牧	女	2004/7/1	党员	本科	教授	信息系	020-87083330
⊞ 3003	万翔	男	2006/7/1	党员	硕士	副教授	警察系	020-87086620
⊞ 3004	万路	男	2006/7/9	群众	硕士	讲师	安保系	020-87085543
⊞ 3005	刘宇	男	2006/9/1	党员	硕士	副教授	安保系	020-87085543
⊞ 3006	梁君	男	2008/9/12	党员	硕士	讲师	警察系	020-87086620
⊞ 3007	王玲	女	2008/10/2	群众	硕士	讲师	信息系	020-87083330
⊞ 3008	王硕	男	2008/7/23	群众	硕士	讲师	警察系	020-87086620
⊞ 3009	谭吉	女	2010/7/19	群众	硕士	讲师	安保系	020-87085543
⊞ 3010	陆离	男	2010/9/18	党员	硕士	教授	信息系	020-87083330
⊞ 3011	赵远远	男	2010/7/20	党员	博士	助教	司法文秘	020-87089966
⊞ 3012	肖利奇	男	2012/9/13	党员	硕士	讲师	法律系	020-87084436
⊞ 3013	鲁西西	女	2011/5/20	党员	本科	讲师	警察系	020-87086620
⊞ 3014	梁高格	女	2010/10/10	群众	本科	助讲	法律系	020-87084436
⊞ 3015	张煜	男	2012/8/30	党员	硕士	助讲	信息系	020-87083330
⊞ 3016								020-＿＿＿＿＿

图 3 – 14 "输入掩码"设置完成效果

任务五 创建"学生成绩"表

【实例 3 – 6】用导入表的方法创建"学生成绩"表。

操作步骤:

1. 单击菜单"外部数据"下的"Excel",如图 3 – 15 所示。

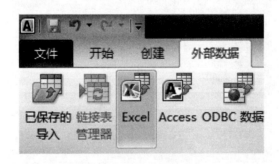

图 3 – 15 导入 Excel 表步骤之一

2. 弹出"获取外部数据"对话框,单击"浏览"按钮,找到相应的数据源"学生成绩.xlsx",单击"确定"按钮,如图 3 – 16 所示。

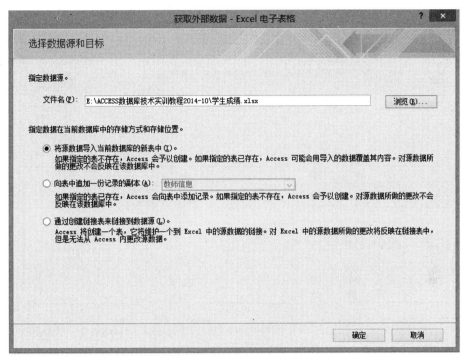

图 3 – 16 导入 Excel 表步骤之二

3. 弹出"导入数据表向导"对话框,维持默认设置不变,单击"下一步"按钮,如图 3 – 17 所示。

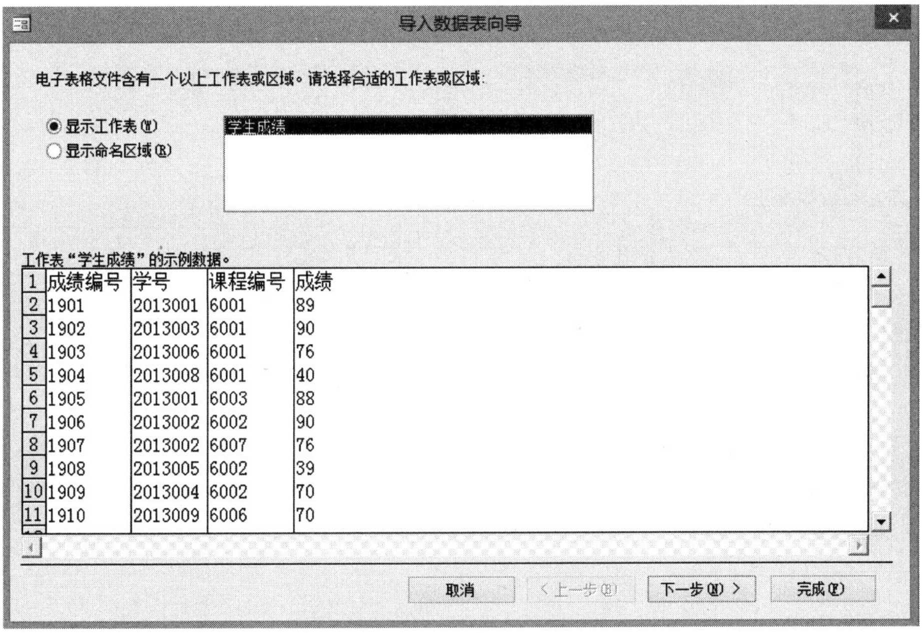

图 3 – 17 导入 Excel 表步骤之三

4. 勾选"第一行包含列标题",单击"下一步"按钮,如图 3-18 所示。

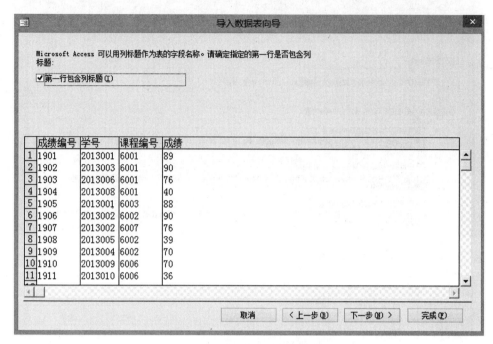

图 3-18 导入 Excel 表步骤之四

5. 选择"我自己选择主键"单选框,设置"成绩编号"为主键,单击"下一步"按钮,如图 3-19 所示。

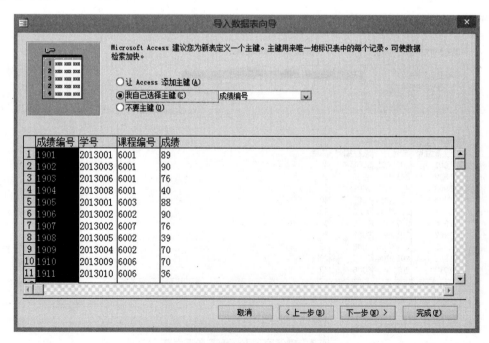

图 3-19 导入 Excel 表步骤之五

6. 在"导入到表"处输入表名称"学生成绩",单击"完成"按钮,如图 3 – 20 所示。

图 3 – 20　导入 Excel 表步骤之六

【实例 3 – 7】设置"学生成绩"表"成绩"字段的有效性规则为"成绩 > = 0 And 成绩 < = 100",出错的提示信息为"成绩只能是 0 到 100 之间的数字"。

操作步骤:

1. 打开"学生成绩"表的设计视图,单击字段名称"成绩"所在的行。

2. 在"有效性规则"右边输入" > = 0 And < = 100";在"有效性文本"右边输入"成绩只能是 0 到 100 之间的数字",如图 3 – 21 所示。

3. 单击"保存"按钮。

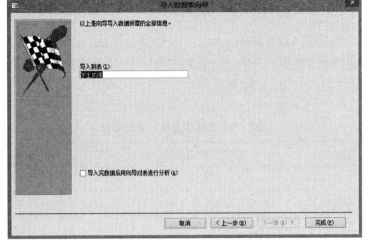

图 3 – 21　设置"有效性规则"

任务六　创建"课程信息"等三个表格

在"教学管理系统"数据库中，除了"学生信息"表、"教师信息"表和"学生成绩"表外，还需要三个表，分别是"课程信息"表、"学生选课"表和"授课安排"表，其结构如表3-6~表3-8所示。

表3-6　"课程信息"表的结构

字段名称	数据类型	说　明
课程编号	文本（4）	主键
课程名称	文本（20）	
课程类别	文本（4）	
学分	数字（整型）	

表3-7　"学生选课"表的结构

字段名称	数据类型	说　明
选课编号	文本（4）	主键
课程编号	文本（4）	
学号	文本（8）	

表3-8　"授课安排"表的结构

字段名称	数据类型	说　明
授课编号	文本（4）	主键
课程编号	文本（4）	
教师编号	文本（4）	
班级编号	文本（8）	
学时	数字（整型）	
授课地点	文本（20）	
授课时间	文本（20）	

任务七　修改数据表内容

表是数据库的基础，对表结构的修改会对整个数据库产生较大的影响。例如，若把某个表的数据类型从"文本"型修改成"数字"型，就有可能使系统中与之相关的查询、窗体和报表不能正常工作。因此，对表结构的修改应慎重。

对表结构的修改多在表的设计视图中进行，主要包括添加字段、删除字段、改变字段顺序及更改字段的数据类型及属性。

一、添加字段

在数据表视图和设计视图中都可以添加新字段。

在数据表视图下添加新字段的步骤：

1. 单击数据表最右边的"单击以添加"处，并在弹出的菜单列表中选择相应的数据类型，即添加了名为"字段1"的新字段。

2. 双击"字段1"，输入新的字段名称。

在设计视图下添加新字段的步骤：

1. 打开表的设计视图，在"字段名称"的最后一行空白处输入新字段名称。

2. 选择合适的数据类型。

3. 单击"保存"按钮。

二、删除字段

操作步骤：

1. 打开表的设计视图。

2. 右键单击要删除的字段，在弹出的命令列表中选择"删除行"命令。

3. 单击"保存"按钮。

三、改变字段的位置顺序

操作步骤：

1. 打开表的设计视图。

2. 单击要移动的字段所在行的最左边，鼠标左键按住拖动到合适的位置。

3. 单击"保存"按钮。

四、更改字段的数据类型及属性

操作步骤：

1. 打开表的设计视图。

2. 单击需要修改数据类型的下拉箭头，在弹出来的列表中选择新的数据类型。

3. 单击"保存"按钮。

更改字段属性的方法与更改数据类型相似。

任务八　设置数据表格式

数据表格式包括调整行高、列宽，设置字体、字号，以及列的冻结与隐藏等。

一、设置字体

数据表视图中的所有输入的文字，其默认值均为宋体、常规、11 号字、黑色。如果需要修改数据表视图的显示字体，可以单击"开始"菜单中"文本格式"窗格的"字体"下拉箭头，选择新的字体。

二、调整行高和列宽

在数据表视图中可以用鼠标和菜单命令调整行高。用鼠标调整属于粗略调整，用菜单调整则可以做到精确调整。

鼠标调整行高的步骤：

1. 在数据表视图下打开需要调整的表。

2. 将鼠标移到需要调整行左侧的下方（两行之间的分隔处），鼠标指针变为上、下双箭头形状。

3. 按住左键并上下拖动，调整到合适高度后松开鼠标即可。

设置精确行高步骤：

1. 在数据表视图下打开需要调整的表。

2. 单击任一行的最左边。

3. 单击"开始"菜单中的"其他"按钮，从下拉列表中选择"行高"命令。

4. 在弹出的"行高"对话框中输入精确的行高值。

调整列宽的方法与调整行高的方法一样，同样可以用鼠标拖动和菜单命令实现，在此就不详述了。

三、设置表格外观

【实例 3 - 8】设置"课程信息"表的单元格效果为"凸起"，网格线颜色为橙色。

操作步骤：

1. 在数据表视图下打开"课程信息"表。

2. 单击"开始"→"文本格式"→"设置数据表格式"，弹出"设置数据表格式"对话框。如图 3 - 22 所示。

3. 单击选中"凸起"效果，单击"网格线颜色"下拉列表框选择橙色。

4. 单击."确定"按钮，完成格式设置。

图3-22　设置数据表格式

四、隐藏字段与显示字段

如果数据表具有很多字段，以至于屏幕宽度不够显示其全部字段，虽然可以通过拖动水平滚动条的方式左右移动来观察各个字段的数据，但是有时我们可能只关心部分字段的信息，这时就可以将暂时不需要的字段设置为隐藏字段，在屏幕上只显示我们所关心的信息。必要时也可以取消被隐藏的字段。某字段隐藏起来并不是该字段数据被删除了，它依然存在，只是被隐藏起来看不见而已。

隐藏字段有两种方式：

1. 在数据表视图下打开表，对需要隐藏的列，设置其字段宽度为0。

2. 在数据表视图下打开表，右键单击字段名，在弹出来的命令列表中选择"隐藏字段"命令。

取消隐藏字段的方法与隐藏字段的方法类似，只需选择"取消隐藏字段"命令，然后在弹出的"取消隐藏列"对话框中勾选想要取消隐藏的字段，单击"关闭"按钮即可。

五、冻结字段与取消冻结字段

在实际应用中，一个表往往包含多个字段，使得无法在一个窗口中将所有字段内容都显示出来，只能看到表中部分字段的内容。这时，可以通过冻结字段的方法，使字段不随窗口的移动而移动。

【实例3-9】冻结"学生信息"表中的"学号"和"姓名"两个字段。

操作步骤：

1. 打开"学生信息"表的数据表视图。

2. 选择"学号"和"姓名"两列，单击右键，在弹出的命令列表中选择"冻结字段"命令。

取消冻结字段的方法与冻结字段方法类似。

任务九　操作表

一、查找与替换数据

在操作数据表时，如果表中的数据非常多，查找数据就比较困难。Access 提供了非常方便的查找功能，可以快速地找到所需要的数据。

如果要修改多处相同的数据，可以使用替换功能，自动将查找到的数据更新为新数据。

【实例 3 – 10】查找"学生信息"表中系别为"信息管理系"的所有记录，并将其值改为"信息系"。

操作步骤：

1. 打开"学生信息"表的数据表视图。

2. 单击"开始"→"查找"→"替换"按钮，弹出"查找和替换"对话框，在"查找内容"处输入文字"信息管理系"，在"替换为"处输入文字"信息系"，单击"全部替换"按钮完成修改。如图 3 – 23 所示。

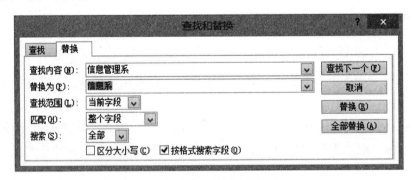

图 3 – 23　"查找和替换"对话框

二、排序记录

数据表中的记录通常是按照输入时的先后顺序排列的，但使用表中的数据时，有时可能希望数据能按一定的要求来排列。例如学生信息可以按学号排序，成绩可以按分数高低排序。如果要使记录按照某个字段的值进行有规律的排列，可设置该字段的值以"升序"或"降序"的方式来重排表中的记录。

Access 可以根据某一字段的值对记录进行排序，也可以根据几个字段的组合对记录进行排序。但是，须注意的是，排序字段的类型不能是备注型、超链接型或 OLE 对象类型。

排序应有排序的规则，不同的数据类型比较大小的规则是不一样的。

1. 数字型数据：按照数值的大小排序。

2. 文本型数据：

（1）英文：按英文字母顺序排序；

（2）中文：按拼音字母顺序排序；

（3）其他：按其 ASCII 码值的大小排序。

对于"文本型"的字段，如果它的取值有数字，那么 Access 会将数字视为字符串。因此排序时按照 ASCII 码值的大小来排序，而不是按照数值本身的大小来排序。如果希望其按数值大小排序，应在较短的数字前面加上零。例如，如果希望将以下文本字符串"3"、"6"、"15"按升序排序，其排序结果是"15"、"3"、"6"，因为"1"的 ASCII 码小于"3"和"6"的 ASCII 码。要想实现升序排序，应将这 3 个字符串改为"03"、"06"和"15"。

3. 日期/时间型数据：按日期的先后顺序排序。

（一）基于单个字段的排序

【实例 3 – 11】在"学生成绩"表中按"成绩"字段降序排列。

操作步骤：

1. 在数据表视图下打开"学生成绩"表。

2. 鼠标单击"成绩"字段列的任意一个单元格。

3. 单击"开始"→"降序"。

4. 单击"保存"按钮。

（二）基于多个字段的排序

如果要将两个以上的字段排序，这些字段在数据表中必须相邻（若不相邻，可先在表设计视图中将它们移动到一起）。在确保要排序的字段相邻后，选择这些字段，再进行"升序"或"降序"操作，这些字段将同时按照升序或降序进行排列。Access 将首先依照最左边的字段值进行排序，然后再依据第二个字段的值进行排序，以此类推。

（三）高级排序

以上两种排序方式，只可以对单个字段或多个相邻字段进行简单的升序或降序排序。如果希望两个字段按不同的次序排序，或者直接对两个不相邻的字段排序，就可以用高级排序。

【实例 3 – 12】使用高级排序的方法，把"学生信息"表先按"系别"升序排序，再按"入学成绩"降序排序。

操作步骤:

1. 在数据表视图下打开"学生信息"表。

2. 单击"开始"→"高级"→"高级筛选/排序",出现"高级筛选/排序"窗口,如图3-24所示。

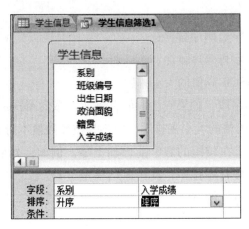

图3-24 高级筛选/排序

3. 依次双击窗口上半部分字段列表中需排序的字段"系别"和"入学成绩",这两个字段即出现在窗口下方设计网格的"字段"所在的行,在"系别"字段对应的"排序"处选择"升序",在"入学成绩"对应的"排序"处选择"降序"。

4. 单击"开始"→"高级"→"应用筛选/排序"命令完成高级排序。排好序的"学生信息"表如图3-25所示。

学号	姓名	性别	系别	班级编号	出生日期
2013009	黄力良	男	安保系	2013108	1996/9/12
2013017	刘凯奇	女	安保系	2013108	1996/5/26
2013008	陈楠	男	安保系	2013108	1995/1/2
2013004	邓杰	男	法律系	2013105	1996/12/9
2013020	吴双	女	法律系	2013106	1997/4/16
2013007	陈晨	男	法律系	2013105	1996/8/7
2013014	蔡龙	男	警察系	2013104	1996/1/23
2013013	王云	女	警察系	2013103	1996/6/20
2013016	张易安	男	警察系	2013103	1996/7/14
2013003	闻文	女	警察系	2013103	1996/7/6
2013019	王凯力	男	警察系	2013103	1997/10/3
2013018	王云	女	警察系	2013104	1995/10/12
2013010	孙亮	男	司法文秘	2013107	1996/10/19
2013011	欧阳修	男	司法文秘	2013107	1996/5/7
2013012	彭久	女	信息管理系	2013102	1995/4/8
2013002	毛新星	男	信息管理系	2013102	1996/9/12
2013015	牛莉	女	信息管理系	2013101	1995/12/28
2013006	刘洋	女	信息管理系	2013101	1995/3/7
2013005	李立	男	信息管理系	2013101	1996/11/9
2013001	李国松	女	信息管理系	2013101	1996/2/14

图3-25 高级排序结果

5. 单击"保存"按钮。

三、筛选记录

在数据表视图中，可以利用筛选把符合指定条件的记录显示在数据表视图中，将不满足条件的记录隐藏起来。Access 提供了多种筛选方式，包括按选定内容筛选、内容排除筛选、按窗体筛选和高级筛选。

（一）按选定内容筛选

这是一种最简单的筛选方法，只显示与所选记录字段中的值相同的记录。

【实例3－13】在"学生信息"表中，筛选出系别为"信息管理系"的学生记录。

操作步骤：

1. 在数据表视图下打开"学生信息"表。

2. 右键单击"系别"列的任意一个"信息管理系"，在弹出的命令列表中选择"等于'信息管理系'"命令，即可得到如图3－26所示的结果。

学生信息				
学号	姓名	性别	系别	班级编号
2013001	李国松	女	信息管理系	2013101
2013002	毛新星	男	信息管理系	2013102
2013005	李立	男	信息管理系	2013101
2013006	刘洋	女	信息管理系	2013101
2013012	彭久	女	信息管理系	2013102
2013015	牛莉	女	信息管理系	2013101
*				

图3－26　"信息管理系"的学生记录

（二）内容排除筛选

其结果与按选定内容筛选相反，显示的是与所选记录字段中的值不相同的记录。操作方法与按选定内容筛选方法类似，只是选择的命令为"不等于'信息管理系'"。

（三）按窗体筛选

这是一种比较灵活的筛选方法，此方法可以同时对两个以上字段值进行筛选。

【实例3－14】在"学生信息"表中筛选出"警察系"的"男"同学的记录。

操作步骤：

1. 在数据表视图下打开"学生信息"表。

2. 单击"开始"→"高级"→"按窗体筛选"命令，进入"按窗体筛选"设置窗口。在"系别"字段中选择"警察系"，在"性别"字段中选择"男"。如图3－27所示。

图3－27　"按窗体筛选"设置窗口

3. 单击"开始"→"高级"→"应用筛选/排序"命令完成筛选。筛选结果如图 3 – 28 所示。

学生信息					
学号	姓名	性别	系别	班级编号	出生日期
2013014	蔡龙	男	警察系	2013104	1996/1/23
2013016	张易安	男	警察系	2013103	1996/7/14
2013019	王凯力	男	警察系	2013103	1997/10/3

图 3 – 28   "按窗体筛选"筛选结果

（四）高级筛选

除了能进行复杂条件的筛选外，还能对筛选输出结果按指定字段的值进行升序或降序排列。

【实例 3 – 15】在"学生信息"表中筛选出 1996 年以前出生，且入学成绩在 600 分以上（含 600 分）的学生记录，并按照"入学成绩"降序排序。

操作步骤：

1. 在数据表视图下打开"学生信息"表。

2. 单击"开始"→"高级"→"高级筛选/排序"，出现"高级筛选/排序"窗口，按照图 3 – 29 所示设置筛选条件和排序顺序。

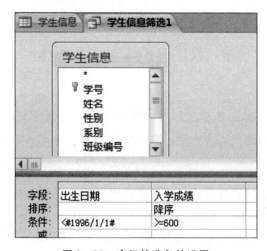

字段	出生日期	入学成绩
排序		降序
条件	<#1996/1/1#	>=600

图 3 – 29   高级筛选条件设置

3. 单击"开始"→"高级"→"应用筛选/排序"命令完成筛选。

任务十   建立表之间的关系

一、关系的种类

在实际应用中，往往需要同时对多个表进行操作，并且要求各表中的数据保持一致。例如，在"学生成绩"表中输入的"学号"应该是"学生信息"表中存在的"学号"。如果要查询不及格学生的"姓名"、"课程名称"和"成绩"，只通过一个表是查不出来的，因为这些字段存在于不同的表中。想要实现多表查询，必须对这些相关表建立关系，使之实现多表联动操作，从而保证表内容的一致性。

表与表之间的关系有三种：一对一关系、一对多关系和多对多关系。

1. 一对一关系。在一对一关系中，一个表的每一条记录仅能与另一个表中的一条记录匹配，反之亦然。此关系类型并不常用，因为大多数以此方式相关的信息都在同一个表中。

2. 一对多关系。在一对多关系中，一个表中的一个记录可以与另一个表中的多个记录匹配。这是 Access 中最常用的关系种类。

3. 多对多关系。在多对多关系中，一个表的一条记录能与另一个表的多条记录匹配，反之亦然。

二、创建与编辑关系

【实例 3 – 16】在"教学管理系统"数据库中，为"学生信息"表、"教师信息"表、"课程信息"表、"授课安排"表、"学生成绩"表和"学生选课"表等 6 个表建立关系。

操作步骤：

1. 打开"教学管理系统"数据库，单击"数据库工具"→"关系"命令，弹出"显示表"对话框，如图 3 – 30 所示。

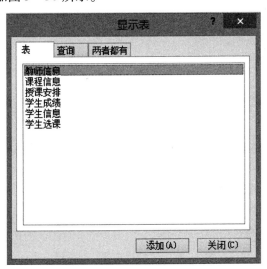

图 3 – 30　"显示表"对话框

2. 单击"教师信息"表，单击"添加"按钮，把"教师信息"表添加到"关系"窗口。

3. 用同样的方法添加"课程信息"表、"授课安排"表、"学生成绩"表、"学生信息"表和"学生选课"表到"关系"窗口。

4. 合理布局6张表格的位置，如图3-31所示。

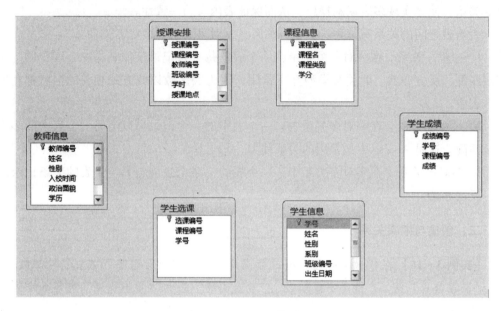

图3-31　"关系"窗口

5. 用鼠标选取"教师信息"表的"教师编号"字段，将其拖放到"授课安排"表的"教师编号"字段上，松开鼠标，出现"编辑关系"对话框，如图3-32所示。

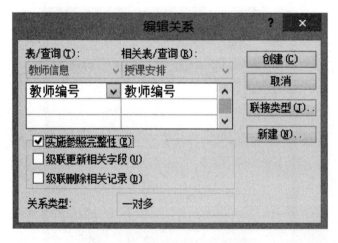

图3-32　"编辑关系"对话框

6. 勾选"实施参照完整性"选项，单击"创建"按钮完成关系建立。

7. 按照同样的方法创建其他表之间的关系，完成创建关系如图3-33所示。

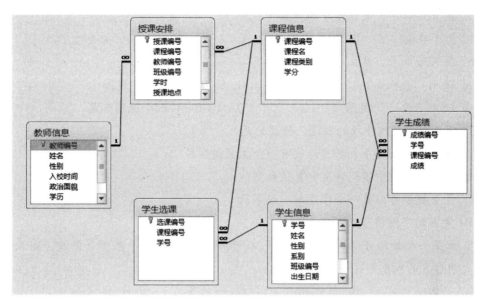

图 3-33 创建好的关系图

习 题

一、选择题

1. 下列关于确定 Access 表中字段的说法中，叙述错误的是（　　）。

A. 要以最小逻辑部分作为字段来保存

B. 不要物理设置推导或计算的字段

C. 每个字段所包含的内容应该与表的主题相关

D. 字段名应符合数据库命名规则

2. 关于 Access 字段名，下面叙述错误的是（　　）。

A. 字段名长度为 0 ~ 255 个字符

B. 字段名可以出现重复

C. 字段名不能包含句号"."、惊叹号"!"、方括号"[ ]"等

D. 字段名可以包含字母、汉字、数字和空格

3. 不能进行排序的字段其数据类型是（　　）。

A. 数字型　　　　　B. 文本型　　　　　C. 备注型　　　　　D. 日期/时间型

4. Access 表中字段的数据类型不包括（　　）。

A. 文本　　　　　B. 日期/时间　　　　　C. 通用　　　　　D. 备注

5. 在 Access 中，数据表中的记录可以按（　　　）进行排序。

A. 1 个字段　　　　B. 多个字段　　　　C. 2 个字段　　　　D. 主关键字段

6. 在 Access 中，建立表结构的方法有（　　　）。

A. 使用"表向导"　　　　　　　　B. 使用"数据表"视图

C. 使用"设计"视图　　　　　　　D. A、B、C 三个选项都是

7. 下列对主关键字段的叙述，错误的是（　　　）。

A. 数据库中的每个表都可以设有一个主关键字段

B. 主关键字段中不允许有重复值和空值

C. 主关键字可以是一个字段或一组字段

D. 主关键字段值可以不唯一

8. 如果一个教师可以讲授多门课程，一门课程可以由多个教师来讲授，则教师与课程之间存在的联系是（　　　）。

A. 一对一　　　　B. 多对多　　　　C. 一对多　　　　D. 多对一

9. Access 中，用来存放图像、声音等多媒体对象的数据类型是（　　　）。

A. 超级链接型　　　B. OLE 对象型　　　C. 文本型　　　D. 备注型

10. 以下字符串不符合 Access 字段命名规则的是（　　　）。

A. Hello. c　　　B. //注释　　　C. school　　　D. 生日快乐

11. 在 Access 数据库中，关系选项不包括（　　　）。

A. 参照完整性　　　B. 提高查询　　　C. 级联更新　　　D. 级联删除

12. 定义字段的默认值的含义是（　　　）。

A. 不得使该字段为空　　　　　　B. 不允许字段的值超出某个范围

C. 系统自动提供数值　　　　　　D. 自动把小写字母转为大写

13. 二维表由行和列组成，每一行表示关系的一个（　　　）。

A. 属性　　　　B. 字段　　　　C. 集合　　　　D. 记录

14. 如果在创建表中建立字段"性别"，并要求用汉字表示，其数据类型应当是（　　　）。

A. 文本　　　　B. 日期/时间　　　　C. 数字　　　　D. 是/否

二、填空题

1. 在 Access 中，能唯一标识表中每条记录的字段称为_____。

2. 在"日期/时间"数据类型中，每个字段需要的存储空间是_____。

3. 数据表中图像数据的字段应设为_____。

4. 按升序排序文本字符串"12"、"6"、"5"，其结果为_____。

5. 在 Access 数据库中，表与表之间的关系分为三种：一对一、_____和多对多。

6. 货币数据类型是一种特殊的_____数据类型。

7. 在 Access 中，给表添加新记录时，已删除的_____型字段的数值不可以再使用。

8. 在 Access 中，字段名的最大长度为_____。

9. 当 Access 中的文本型字段取值范围超过 255 个字符时，应该设置该字段的数据类型为_____。

10. 一般来说，关系是通过表与表之间_____建立起来的，其中一张表的主关键字是另一张表的_____，这样就形成了两张表之间的一对多的关系。

三、实训题

1. 创建一个名为"图书管理系统"的数据库，并设计其中的表、表结构。

2. 在题 1 的表中输入记录，并建立表之间的联系。

项目四

创 建 查 询

知识能力与目标

◇ 掌握查询的概念；

◇ 了解查询的功能及分类；

◇ 熟悉各种查询准则；

◇ 熟练掌握使用向导和设计视图创建选择查询、交叉表查询和操作查询；

◇ 熟练掌握使用条件、各种函数和计算表达式创建预定义查询和自定义查询；

◇ 熟练掌握创建各种 SQL 查询的方法。

任务一　查询的基本知识

查询是 Access 处理和分析数据的工具，它能够将多个表中的数据抽取出来，供用户查看、统计、分析和使用，查询结果还可以作为其他数据库对象（如窗体、报表等）的数据来源。

对于数据库应用系统的一般用户来说，数据库中的数据是不可见的，如果想要知道数据库中存在的数据，可以通过查询来实现。查询可以从一个或多个表中检索符合条件的数据，并以视图的方式呈现给用户。查询的结果也可以作为窗体和报表对象的数据源。

一、了解查询的概念

查询是按照一定的规则或条件从一个或多个表中检索需要的数据，并可以对检索出来的数据进行统计、分类和计算等操作，从而形成一个动态的数据记录集合。这个记录集合在数据库中实际是不存在的，只是在运行查询时，Access 才会从查询源表的数据中抽取创建它。当基表中的数据发生变化时，查询结果也会发生相应的变化。

二、查询的功能

（一）选择字段

以一个或多个表或查询为数据源，指定查询需要的字段，按照一定的准则将需要的数据提取出来，为这些字段提供一个动态的数据表（"动态"表示这不是一个实际存在的数据表，只是在使用该"查询"对象时才存在），同时可以根据指定的字段对动态数据表中的记录进行排序。例如，对于"学生信息"表，可以只选择"学号"、"姓名"、"性别"、"系别"和"入学成绩"五个字段建立查询。

（二）选择记录

"查询"对象还可以根据指定的条件查找数据表中的记录，只有符合条件的记录，才能在查询结果中显示。例如，可以基于"教师信息"表建立一个查询，要求只显示"信息系"的教师记录。

（三）编辑记录

查询可以一次编辑多个表中的记录，可以修改、删除及追加表中的记录。

（四）实现计算

可以在查询中进行各种统计计算，如计算年龄、计算不及格的学生人数等。还可以建立一个字段来保存计算的结果，如平均成绩字段，用来保存每个学生所有课程的平均成绩。

（五）利用查询的结果生成窗体或报表

为了从一个或多个表中选择合适的数据在窗体或报表中显示，用户可以先建立一个选择查询，然后将该查询的数据作为窗体或报表的数据来源。当用户每次打开窗体或打印报表时，该查询将从表中检索最新数据，用户也可以在基于查询的报表或窗体上直接输入或修改数据源中的数据。

（六）建立新表

可以根据查询到的字段进行计算，形成新的数据表。

总之，通过查询，可以检索、组合、重用和分析数据。

三、查询与数据表的关系

表和查询都可以作为数据库中"数据来源"的对象，可以将数据提供给窗体、报表或另外一个查询，所以一个数据库中的数据表和查询名称不能重复。

与表不同的是，查询本身并不保存数据，它保存的是如何去取得信息的方法与定义。当运行查询时，这些信息便会取出，但查询所得的信息并不会存储在数据库中。因此，两者的关系可以理解为，数据表负责保存记录，查询负责取出记录，两者在目的上可以说完全相同，都可以将记录以表格的形式显示在屏幕上，这些记录的进一步处理是用来制作窗体和报表。

四、查询的类型

Access 2010 提供了多种不同类型的查询方式，以满足对数据的多种不同需求。根据对数据源的操作和结果不同可分为五类：选择查询、参数查询、交叉表查询、操作查询和 SQL 查询。

（一）选择查询

选择查询是最常见的一种查询类型，它从一个或多个表中检索数据并以数据表的形式显示查询结果。在选择查询中可以对记录进行分组，还可以对记录做总计、计数、平均值以及其他的运算。

（二）参数查询

参数查询是在运行查询时显示一个或多个对话框提示用户，用户可以在对话框中输入查询条件，从而动态地产生查询结果。例如，可以设计参数查询来输入分数段，查询两个分数段之间的学生信息。

（三）交叉表查询

使用交叉表查询可以计算并重新组织数据的结构，可以更加方便地分析数据。

交叉表查询类似于 Excel 的数据透视表，利用表中的行和列以及交叉点信息，显示来自一个或多个表的统计数据，在行与列交叉处显示表中某字段的统计值（总计、计数及平均值等），在"数据表"视图中可以显示两个分组字段：一组字段名来自表字段的值，作为查询显示字段的标题，列在数据表的上部；另一组分组字段同样来自表字段的值，是统计数据的依据，列在数据表的左侧，在数据表行和列的交叉点显示字段的统计值。

（四）操作查询

操作查询与选择查询类似，都是由用户指定查询条件，但选择查询只是检索符合条件的相关记录，并不对原始表进行修改，而操作查询是在一次查询操作中对所得结果进行编辑等操作。Access 提供了以下四种操作查询：

1. 生成表查询。此种查询将一个或多个表中查询到的全部或部分数据保存到一个新建的表中，即生成新的数据表。

2. 更新查询。可以对一个或多个表中的一个或一组记录进行批量更改。例如，可以将所有学生的成绩提高 2 分。

3. 追加查询。此种查询可将一个或多个表中满足条件的一组记录添加到一个或多个表的末尾。例如，获得了一些包含新学生信息的数据表，利用追加查询可以将有关新学生的数据添加到原有"学生信息"表中，而不必手工键入这些内容。

4. 删除查询。此种查询可以从一个或多个表中删除一组记录。例如，可以用删除查询来删除某门课程成绩不及格的学生。使用删除查询，将删除整个记录而不只是记录中的一些字段。

（五）SQL 查询

SQL 查询是用户使用 SQL 语句来创建的查询。事实上，前面几种查询都有对应的 SQL 语句。与前面集中查询类型相比，这种查询更加灵活，用户具有更大的主动性，可以完成前面各种查询所不能完成的复杂查询，但是需要用户掌握创建复杂的 SQL 查询语句的方法。

五、查询的视图

Access 的查询对象一共有 5 种视图，分别是设计视图、数据表视图、SQL 视图、数据透视表视图和数据透视图视图。

（一）设计视图

设计视图就是"查询设计器"，通过该视图可以设计除 SQL 查询之外的任何类型的查询。查询的设计视图由上、下两部分组成，上半部分显示的是当前查询所包含的表和查询，也就是查询的数据源。如果数据源是两个或两个以上的表，它们之间带有连线，则表示这些表之间已经建立关系。下半部分是设计网格，可以利用该网格来设置查询的结果字段、源表或查询、排序顺序、条件和计算类型等。

（二）数据表视图

数据表视图是查询的数据浏览器，通过该视图可以查看查询运行结果。在该视图中，可以进行编辑数据、添加和删除数据、查找数据等操作，而且也可以对查询进行排序、筛选以及检查记录等，还可以改变视图的风格（包括调整行高、列宽和单元格的显示风格等）。

（三）SQL 视图

SQL 视图主要用于 SQL 查询。在 Access 中很少直接使用 SQL 视图，因为绝大多数查询都可以通过向导或查询的设计视图来完成。要想正确地使用 SQL 视图，必须熟练掌握 SQL 语句命令的语法及使用方法。

（四）数据透视表视图和数据透视图视图

由于查询的运行结果往往是一张表，所以 Access 也为查询对象提供了数据透视表和数据透视图两种视图。这两种视图用于对查询执行的结果进行查看和分析，使用方法和表对象一样。

任务二　使用向导创建查询

使用简单查询向导创建查询比较简单，用户可以在向导指示下选择表和表中的字段，但不能设置查询条件。

一、创建基于一个数据源的查询

【实例 4－1】使用简单查询向导，查找"教师信息"表中的记录，结果显示"教师编号"、"姓名"、"学历"、"职称"和"系别"。

操作步骤：

1. 打开"教学管理系统"，在数据库窗口中，单击"对象类型"下的"查询"对象。

2. 单击"创建"菜单下的"查询向导"命令，打开"新建查询"对话框，在该对话框中选择"简单查询向导"选项，单击"确定"按钮，打开"简单查询向导"对话框之一。

3. 在"简单查询向导"对话框之一中，从"可用字段"处依次选择"教师编号"、"姓名"、"学历"、"职称"和"系别"，并单击"＞"按钮，把这些字段添加到"选定字段"方框中。如图 4－1 所示。

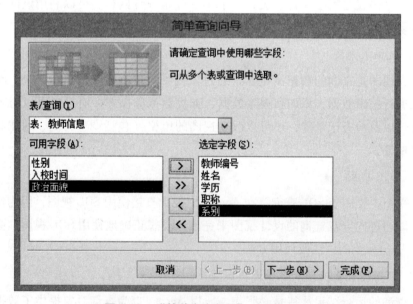

图 4－1　"简单查询向导"对话框之一

4. 单击"下一步"按钮，打开"简单查询向导"对话框之二，在该对话框的文本框处输入本查询的标题"教师信息查询"，选中"打开查询查看信息"选项，单击

"完成"按钮。如图4-2所示。

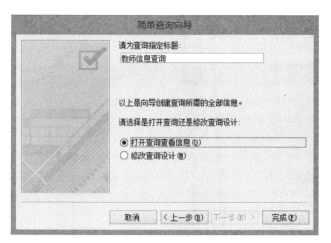

图4-2 "简单查询向导"对话框之二

5. 可以看到所创建的"教师信息查询",如图4-3所示。

教师编号	姓名	学历	职称	系别
3001	马悦	本科	副教授	信息系
3002	闻牧	本科	教授	信息系
3003	万翔	硕士	副教授	警察系
3004	万路	硕士	讲师	安保系
3005	刘宇	硕士	副教授	安保系
3006	梁君	硕士	讲师	警察系
3007	王玲	硕士	讲师	信息系
3008	王硕	硕士	讲师	警察系
3009	谭吉	硕士	讲师	安保系
3010	陆离	硕士	教授	信息系
3011	赵远远	博士	助教	司法文秘
3012	肖利奇	硕士	讲师	法律系
3013	鲁西西	本科	讲师	警察系
3014	梁高格	本科	助讲	法律系
3015	张煜	硕士	助讲	信息系

图4-3 教师信息查询

二、创建基于多个数据源的查询

【实例4-2】在"教学管理系统"数据库中,用简单查询向导创建查询"学生成绩",查询结果显示"学号"、"姓名"、"课程名称"和"成绩"4个字段。

操作步骤:

1. 打开"教学管理系统"数据库,在数据库窗口中,单击"对象类型"下的"查询"对象。

2. 单击菜单"创建"下的"查询向导"命令,打开"新建查询"对话框,在该对话框中选择"简单查询向导"选项,单击"确定"按钮,打开"简单查询向导"对话框之一。

3. 在"简单查询向导"对话框之一中，依次选择"学生信息"表中的"学号"、"姓名"，"课程信息"表中的"课程名称"，以及"学生成绩"表中的"成绩"四个字段，添加到"选定字段"的方框中。如图4－4所示。

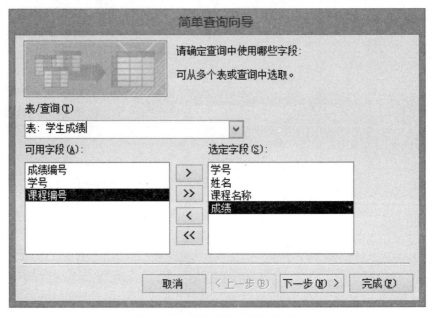

图4－4　确定查询所需的字段

4. 单击"下一步"按钮，打开"简单查询向导"对话框之二，在此，如果选择"明细"选项，则查看详细信息；如果选择"汇总"选项，则对一组或全部记录进行各种统计。本例单击"明细"选项。如图4－5所示。

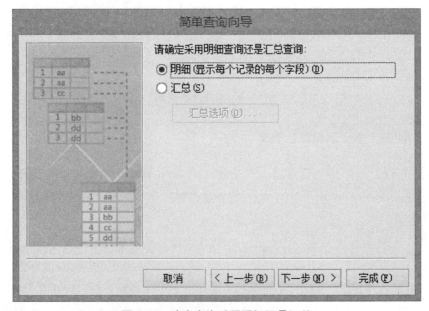

图4－5　确定查询采用明细还是汇总

5. 单击"下一步"按钮，打开"简单查询向导"之三对话框，在此，为本查询指定标题为"学生选课成绩"，单击"完成"按钮。如图4-6所示。

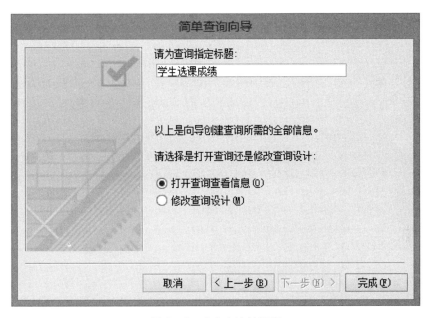

图4-6　确定查询的标题

6. 查询的结果如图4-7所示。

学号	姓名	课程名称	成绩
2013001	李国松	面向对象程序设计	89
2013003	闻文	面向对象程序设计	90
2013006	刘洋	面向对象程序设计	76
2013008	陈楠	面向对象程序设计	40
2013001	李国松	计算机文化基础	88
2013002	毛新星	数据库技术	90
2013002	毛新星	公司法	76
2013005	李立	数据库技术	39
2013004	邓杰	数据库技术	70

图4-7　"学生选课成绩"查询部分结果

该查询不仅显示了"学号"、"姓名"、"课程名称"，还显示了"成绩"，涉及了"教学管理系统"数据库中的三个表。由此可见，Access 的查询可以将多个表中的信息联系起来，并且可以从中找出满足条件的记录。

在数据表视图显示查询结果时，字段的排列顺序与在"简单查询向导"对话框中选定字段的顺序相同。因此，在选择字段时，应考虑按字段的显示顺序选取。

三、使用查找重复项查询向导创建查询

在 Access 中有时需要对数据表中某些具有相同字段值的记录进行统计计数，如统计同名的学生等。使用"查找重复项查询向导"，可以迅速完成这样的查询。

【实例4-3】使用"查找重复项查询向导",在"教学管理系统"数据库中,创建一个查询,用以查找同名的学生纪录。

操作步骤:

1. 打开"教学管理系统"数据库,在数据库窗口中,单击"对象类型"下的"查询"对象。

2. 单击菜单"创建"下的"查询向导"命令,打开"新建查询"对话框,在该对话框中选择"查找重复项查询向导"选项,单击"确定"按钮。如图4-8所示。

图4-8 "新建查询"对话框

3. 打开"确定数据源"对话框。在这里选择"学生信息"表,单击"下一步"按钮。如图4-9所示。

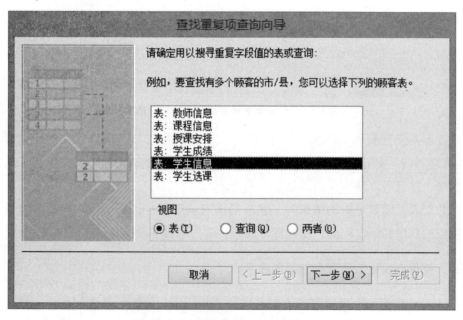

图4-9 选择数据源"学生信息"表

4. 打开如图 4-10 所示的对话框,根据提示选择可能包含重复信息的字段,在此选择的重复值字段"姓名"。单击"下一步"按钮。

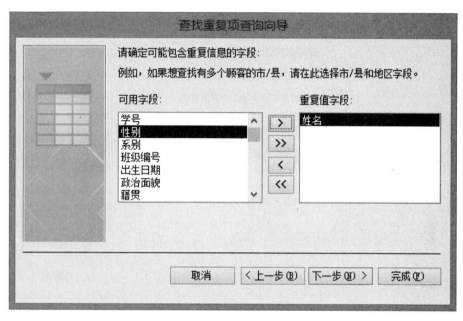

图 4-10　选择包含重复信息的字段

5. 打开"确定是否显示其他字段"对话框,如图 4-11 所示。此处按照图 4-11 选择相应的字段,单击"下一步"按钮。

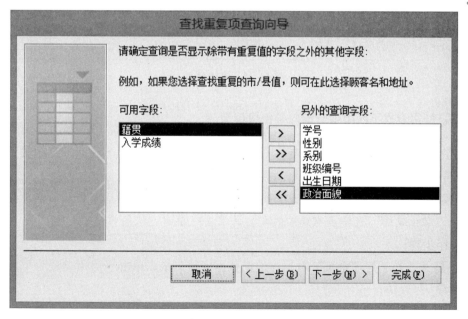

图 4-11　"确定是否显示其他字段"对话框

6. 打开"指定查询名称"对话框，在此输入查询的名称"同名的学生"，如图 4-12 所示。

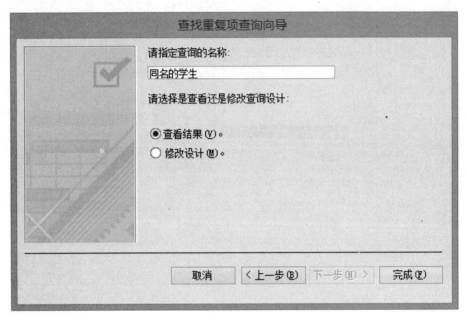

图 4-12　"指定查询名称"对话框

7. 单击"完成"得到查询结果，如图 4-13 所示。

姓名	学号	性别	系别	班级编号	出生日期	政治面貌
王云	2013018	女	警察系	2013104	1995/10/12	党员
王云	2013013	女	警察系	2013103	1996/6/20	团员

图 4-13　查询结果

四、使用查找不匹配项查询向导创建查询

使用"查找不匹配项查询向导"可以在一个表中查找另一个表中没有相关记录的记录。

【实例 4-4】使用"查找不匹配项查询向导"，在"教学管理系统"数据库中查找那些在"学生成绩"表中没有成绩的学生记录（即没有选课的学生）。

操作步骤：

1. 打开"教学管理系统"数据库，在数据库窗口中，单击"对象类型"下的"查询"对象。

2. 单击菜单"创建"下的"查询向导"命令，打开"新建查询"对话框，在前图 4-8 的对话框中选择"查找不匹配项查询向导"选项，单击"确定"按钮。

3. 弹出"确定包含相关记录的表或查询"对话框，如图 4-14 所示。此处选择

"学生成绩"表,单击"下一步"按钮。

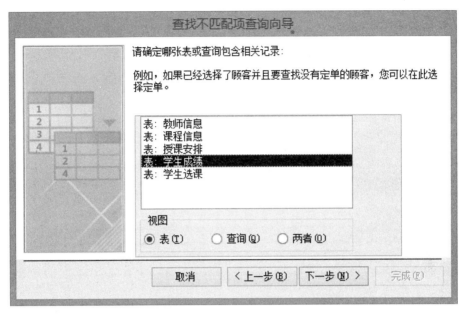

图4-14 "确定包含相关记录的表或查询"对话框

4. 弹出"选择两个表的匹配字段"对话框,如图4-15所示。在此选择两个表都有的字段"学号"进行匹配。单击"下一步"按钮。

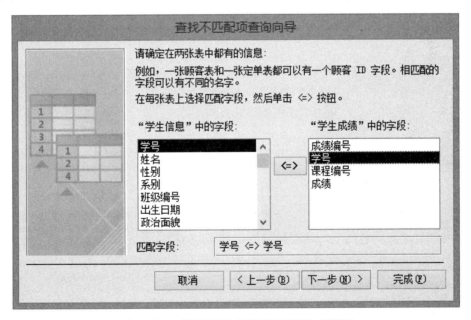

图4-15 "选择两个表的匹配字段"对话框

5. 弹出"选择查询结果所需的字段"对话框,按照图4-16选择相应的显示字段。单击"下一步"按钮。

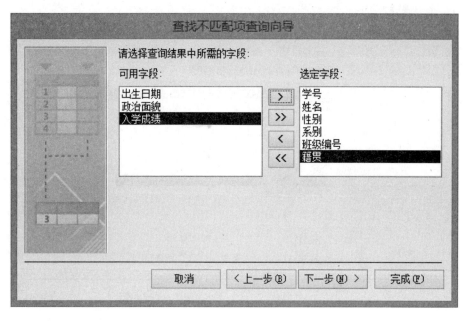

图 4 – 16 "选择查询结果所需的字段"对话框

6. 弹出"指定查询名称"对话框，在此输入查询名称"没有成绩的学生"，如图 4 – 17 所示。单击"完成"按钮。

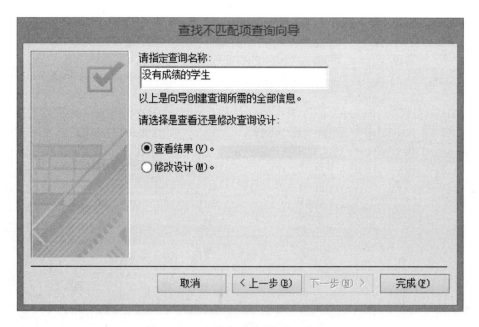

图 4 – 17 "指定查询名称"对话框

7. 查询结果如图 4 – 18 所示。

学号	姓名	性别	系列	班级编号	籍贯
2013007	陈晨	男	法律系	2013105	江门
2013011	欧阳修	男	司法文秘	2013107	阳江
2013012	彭久	女	信息管理系	2013102	韶关
2013014	蔡龙	男	警察系	2013104	汕头
2013016	张易安	男	警察系	2013103	汕头
2013017	刘凯奇	女	安保系	2013108	深圳
2013018	王云	女	警察系	2013104	深圳
2013019	王凯力	男	警察系	2013103	广州
2013020	吴双	女	法律系	2013106	江门

图 4 - 18　查询结果

五、使用交叉表查询向导创建查询

交叉表查询以水平和垂直方式对记录进行分组，并计算和重构数据，使查询后生成的数据显示得更清晰，结构更紧凑、合理。

在创建交叉表查询时，需要指定三种字段：一是放在交叉表最左端的行标题，它将某一字段的相关数据放入指定的行中；二是放在交叉表最上面的列标题，它将某一字段的相关数据放入指定的列中；三是放在交叉表行与列交叉位置上的字段，需要为该字段指定一个总计项，如总计、平均值、计数等。在交叉表查询中，只能指定一个列字段和一个总计类型的字段。

【实例 4 - 5】创建一个交叉表查询，统计每班男女生人数。

操作步骤：

1. 打开"教学管理系统"数据库，在数据库窗口中，单击"对象类型"下的"查询"对象。

2. 单击菜单"创建"下的"查询向导"命令，打开"新建查询"对话框，在前图 4 - 8 的对话框中选择"交叉表查询向导"选项，单击"确定"按钮。

3. 弹出"确定查询所需的表或查询"对话框，在此选择"学生信息"表，如图 4 - 19 所示，单击"下一步"按钮。

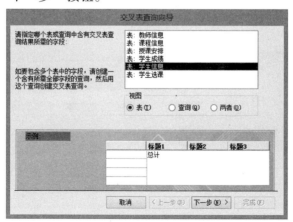

图 4 - 19　"确定查询所需的表或查询"对话框

4. 弹出"确定行标题"对话框,行标题最多可以选择三个字段。为了在交叉表的每一行的前面显示班级,在此选择"班级编号"作为行标题,如图 4-20 所示。单击"下一步"按钮。

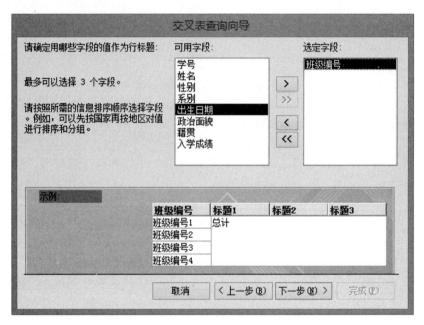

图 4-20 "确定行标题"对话框

5. 弹出"确定列标题"对话框,列标题只能选择一个字段。为了在交叉表的每一列上面显示性别,在此选择"性别"字段作为列标题。如图 4-21 所示。

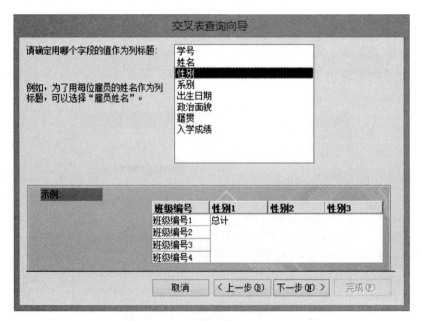

图 4-21 "确定列标题"对话框

6. 弹出"确定每个列和行的交叉点的计算值"对话框。为了让交叉表查询显示每班男女生人数，在此单击"字段"框的"学号"，然后在"函数"框中选择"Count（计数）"，如图4-22所示。若不想在交叉表的每行前面显示总计数，可以取消勾选"是，包含各行小计"复选框，单击"下一步"按钮。

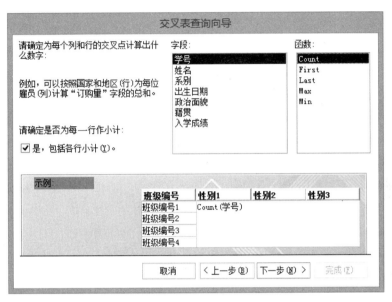

图4-22　"确定每个列和行的交叉点的计算值"对话框

7. 弹出"指定查询名称"对话框，此处输入查询名称"每班男女生人数＿交叉表"，如图4-23所示。单击"完成"按钮。

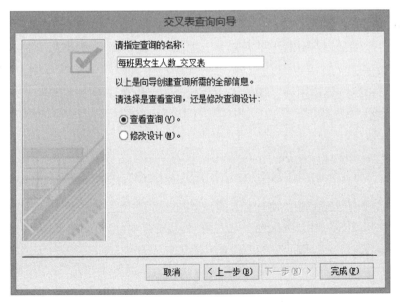

图4-23　"指定查询名称"对话框

8. 查询结果如图 4 – 24 所示。

班级编号	总计 学号	男	女
2013101	4	1	3
2013102	2	1	1
2013103	4	2	2
2013104	2	1	1
2013105	2	2	
2013106	1		1
2013107	2		
2013108	3	2	1

图 4 – 24　查询结果

任务三　使用设计视图创建查询

使用向导创建查询有很大的局限性，它只能建立简单的查询，但实际应用中经常要用到带条件的复杂查询。使用查询设计视图不仅可以自行设置查询条件，创建基于单表或多表的不同选择查询，还可以对已有的查询进行修改。在设计视图中既可以创建如选择查询之类的简单查询，也可以创建像参数查询这样的复杂查询。

一、认识查询设计视图网格

在数据库窗口的"查询"对象下，单击"创建"工具栏上的"查询设计"命令，就可以打开查询的设计视图。

查询设计视图的窗口分为上下两部分，如图 4 – 25 所示，上半部分是查询显示区，包含所有的数据源（表或查询），其显示形式类似于表的"关系"视图；下半部分是查询设计区，由设计网格组成，用来指定具体的查询字段、查询条件等。

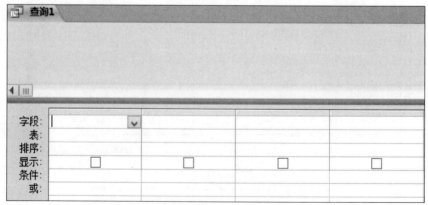

图 4 – 25　查询的设计视图

设计网格中各行的作用如下：

1. 字段：选择查询中要包含的表字段名称。可由上半部分的来源中拖拽而至，也可以通过双击表或查询中的字段得到，还可以从下拉列表中选择。如果选错了字段，可以在字段网格中单击该字段，再单击键盘上的"DELETE"键删除。

2. 表：显示与查询字段对应的来源表名称。如先确定字段，则系统自动弹出对应的数据源表；也可以先从下拉列表中选择数据源表，然后再选择表中的字段。

3. 排序：指定查询结果的排序方式，可以指定为根据当前字段的值进行升序排序或降序排序。

4. 显示：设置是否在"数据表"视图中显示所选字段，用于确定相关字段是否在动态集中出现（有时字段仅用于构成查询条件，不需要显示）。

5. 条件：设置字段的查询条件。

6. 或：在此行指定另一个条件，与其他行是"或"的关系。

Access 在打开查询设计视图的同时，会弹出"显示表"对话框，列出当前数据库中能够为查询提供原始数据的所有的表和查询，如图 4 – 26 所示。

1. 表：列出当前数据库中所有的数据表。

2. 查询：列出当前数据库中所有的查询。

3. 两者都有：列出当前数据库中所有的数据表和查询。

图 4 – 26   "显示表"对话框

二、认识查询设计视图的工具栏

查询设计视图的"设计"工具栏如图 4 – 27 所示，包含的命令如下：

1. 视图：可以在查询的 5 个视图之间切换。

2. 查询类型：列出 6 种查询类型，分别为"选择"、"生成表"、"追加"、"更新"、"交叉表"和"删除"。

3. 运行：运行刚刚建立的查询，以"数据表"视图的形式显示结果。

4. 显示表：显示数据库中所有的表或查询，方便用户创建现有查询。

5. 汇总：在查询设计区中加入计算数字类型的字段，如 AVG、SUM。

6. 返回：按百分比或记录条数设置显示的记录。

7. 属性表：显示光标指向的对象属性。在这里对字段属性进行修改，不会反映到数据表中。

8. 生成器：根据当前光标所在的位置，启动对应的"表达式生成器"，生成查询条件表达式。

图 4 – 27   查询设计视图工具栏

任务四   创建选择查询

选择查询是根据指定的条件，从一个或多个数据源中获取数据并显示结果的查询，也可以对分组的记录进行总计、计数以及其他类型的计算。

【实例 4 – 6】在"教学管理系统"数据库中查询学生的选课情况，查询结果包括"学号"、"姓名"、"班级"和"课程名称"，查询结果保存为"学生选课情况"。

操作步骤：

1. 打开"教学管理系统"数据库，在数据库窗口中，单击"对象类型"下的"查询"对象。

2. 单击"创建"菜单下的"查询设计"命令，出现查询设计视图和"显示表"对话框。

3. 在"显示表"对话框中添加"学生信息"表、"学生成绩"表和"课程信息"表。单击"关闭"按钮关闭"显示表"对话框。（表之间的连线说明表已经建立了关系。）

4. 按照图 4 – 28 所示设计查询网格，分别添加"学生信息"表的"学号"、"姓名"、"班级编号"字段，再添加"课程信息"表的"课程名称"字段。

此处添加"学生成绩"表是因为"学生信息"表与"课程信息"表之间没有建立直接的联系，它们是通过"学生成绩"表联系起来的。

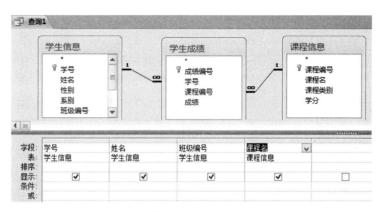

图 4 – 28   "学生选课情况"查询设计视图

5. 单击查询设计视图工具栏上的" ❗ "运行查询，得到的结果如图 4 – 29 所示。

学号	姓名	班级编号	课程名
2013001	李国松	2013101	面向对象程序设计
2013003	闻文	2013103	面向对象程序设计
2013006	刘洋	2013101	面向对象程序设计
2013008	陈楠	2013108	面向对象程序设计
2013001	李国松	2013101	计算机文化基础
2013002	毛新星	2013102	数据库技术
2013002	毛新星	2013102	公司法
2013005	李立	2013101	数据库技术
2013004	邓杰	2013105	数据库技术
2013009	黄力良	2013108	刑法
2013010	孙亮	2013107	刑法

图 4 – 29   查询结果

6. 单击" 💾 "按钮，把查询结果保存为"学生选课情况"查询。

在实际应用中，并非只是简单的查询，有时需要指定一定的条件才能完成查询。这种带条件的查询需要通过设置查询条件来实现。

查询条件是运算符、常量、字段值、函数以及字段名和属性等的任意组合，能够计算出一个结果。

一、使用常量作为查询条件

在 Access 中，作为条件的常量包括数字型、文本型、日期型和逻辑型。

1. 数字型常量。数字型常量包含各种数字型与货币数值类型。在书写条件时，数字型常量直接输入即可，不能用单引号或双引号括起来。

2. 文本型常量。文本型常量是用单引号或者双引号括起来的一个字符串。当文本型常量作为条件输入时，如果没有加上双引号，Access 会自动为其加上双引号。

3. 日期型常量。日期型常量是用两个"#"号括起来的一个代表特定年月日的字符串,例如#1996 – 5 – 16#表示 1996 年 5 月 16 日。在输入条件时,如果日期型常量没有用两个"#"号括起来,Access 会自动为其加上双#号。

4. 逻辑型常量。逻辑型常量包括 True 和 False,分别代表真和假。作为查询条件时直接输入即可。

二、使用运算符作为查询条件

运算符是构成查询条件的基本元素。Access 中的运算符分为普通运算符和特殊运算符,其中普通运算符又分为算术运算符、关系运算符、逻辑运算符和特殊运算符,如表 4 – 1、表 4 – 2 和表 4 – 3 所示。

表 4 – 1 关系运算符

符号	应 用		
	字段名	条件	说 明
= 、 < >	职称	= "教授"	查询职称为教授的记录
> 、 > = 、 < 、 < =	成绩	> = 60	查询及格的学生记录

表 4 – 2 逻辑运算符

符号	应 用		
	字段名	条件	说 明
Not	姓名	Not "王"	查询不姓王的教师记录
And	成绩	> = 80 And < = 90	查询成绩在 80 ~ 90 分之间的学生记录
Or	成绩	< 60 Or > 90	查询成绩小于 60 分或成绩大于 90 分的学生记录

表 4 – 3 特殊运算符

符号	应 用		
	字段名	条件	说 明
Like	课程名称	Like "计算机 * "	查询课程名称以"计算机"开头的课程记录
In	姓名	In ("马悦", "王玲")	查询姓名为"马悦"或"王玲"的教师记录
Between	出生日期	Between #1996 – 1 – 1# And #1996 – 12 – 31#	查询 1996 年出生的学生记录
Is Null	学号	Is Null	查询没有学生选修的课程信息
Is Not Null	学号	Is Not Null	查询有学生选修的课程信息

三、使用函数作为查询条件

Access 提供了大量的内置函数，如算术函数、字符串函数、日期/时间函数和统计函数等。这些函数为更好地构造查询条件提供了极大的便利，也为更准确地进行统计计算、实现数据处理提供了有效的方法。函数的应用如表 4－4 所示。

表 4－4　函数的应用

函数名	条　件	说　明
Left（）	Left（［课程名］,3）＝"计算机"	查询课程名称以"计算机"开头的课程记录
Right（）	Right（［课程名称］,2）＝"技术"	查询课程名称以"技术"结尾的课程记录
Mid（）	Mid（［学号］,3,2）＝"13"	查询学号第 3、4 个字符为 13 的学生记录
Len（）	Len（［姓名］）＝2	查询姓名为两个字的学生记录
Year（）	Year（［出生日期］）＞＝1996	查询 1996 年以后出生的学生记录
Date（）	Date（）	返回系统时间（包括年、月、日）
Now（）	Now（）	返回系统时间（包括年、月、日、时、分、秒）
Day（）	Day（）	返回系统时间的具体日
Month（）	Month（）	返回系统时间的月份

统计函数用于对一批数据求和、求平均值、计数等。

1. Sum（）：求所有值的和。只能对数值求和，Null 值将被忽略。

2. Avg（）：求所有值的平均值。只能对数值求平均值，Null 值将被忽略。

3. Count（）：求所有值的个数或者表中记录的个数，忽略其中的 Null 值。

4. Max（）：求所有值中的最大值（对于文本型数据，按字母排序的最后一个值）。

5. Min（）：求所有值中的最小值（对于文本型数据，按字母排序的第一个值）。

在数据库表中经常会遇到某个字段值为空的记录，这种情况下就使用 Null 或空白来表示，空字符串是用半角双引号括起来的字符串，且双引号之间没有空格。若要查询这类记录，则可以使用特殊运算符"is"，例如查询姓名为空值（Null）的记录，则可以表示为：［姓名］is Null；查询联系电话为空的记录，可以表示为：［联系电话］＝""。

【实例 4－7】查询成绩在 80（含 80）~90（含 90）分之间的学生记录，并保存为"成绩在 80~90 分之间的学生"，查询结果包含"学号"、"姓名"、"课程名称"和"成绩"。

操作步骤：

1. 打开"教学管理系统"数据库，在数据库窗口中，单击"对象类型"下的"查询"对象。

2. 单击"创建"菜单下的"查询设计"命令，在"显示表"对话框中添加"学生信息"表、"学生成绩"表和"课程信息"表。单击"关闭"按钮关闭"显示表"对话框。

3. 按照图 4-30 所示的内容在设计视图的网格中依次添加"学生信息"表的"学号"、"姓名"字段，"课程信息"表的"课程名称"字段，以及"学生成绩"表的"成绩"字段。最后在"成绩"字段和"条件"行的交叉位置输入查询条件" > = 80 And < = 90"。

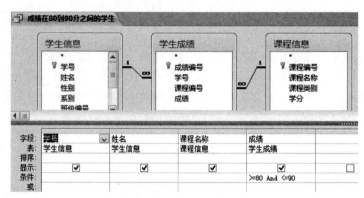

图 4 - 30　查询条件设置

4. 单击"运行"命令得到查询结果，如图 4 - 31 所示。

学号	姓名	课程名称	成绩
2013001	李国松	面向对象程序设计	89
2013003	闻文	面向对象程序设计	90
2013001	李国松	计算机文化基础	88
2013002	毛新星	数据库技术	90
2013003	闻文	礼仪	85
2013004	邓杰	礼仪	83
2013005	李立	面向对象程序设计	88
2014031	梁安安	礼仪	86
2012101	刘思思	计算机网络技术	84

图 4 - 31　查询结果

5. 单击"保存"命令，把查询保存为"成绩在 80 ~ 90 分之间的学生"。

【实例 4 - 8】假设"学号"字段的前 4 位代表年级，要统计各个年级的平均成绩，查询结果显示标题为"年级"和"成绩之平均值"。

操作步骤：

1. 打开"教学管理系统"数据库，在数据库窗口中，单击"对象类型"下的"查询"对象。

2. 单击"创建"菜单下的"查询设计"命令，在"显示表"对话框中添加"学生成绩"表。单击"关闭"按钮关闭"显示表"对话框。

3. 在"字段"行的第一列输入"年级：Left（［学号］，4）"，该字段不属于"学生成绩"表，因此第二行处的"表"对应的位置内容为空；第二列输入"成绩之平均值：成绩"，因"成绩"是"学生成绩"表中的字段，因此第二行处的"表"选择"学生成绩"表。接着单击工具栏上的"汇总"命令，此时网格中出现"总计"行，按照图4-32所示选择"总计"行的相应值。

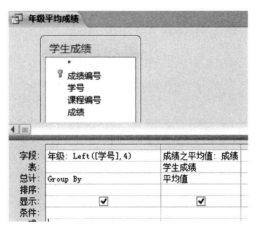

图4-32 查询设计视图

4. 单击"成绩"字段，再单击工具栏上的"属性表"命令，右边出现"属性表"内容，在"格式"的右边选择"固定"，在"小数位数"的右边选择"2"，使得求出的平均值保留2位小数。如图4-33所示。

图4-33 设置结果的小数位数

5. 单击"运行"命令得到查询结果，如图4-34所示。

年级	成绩之平均值
2012	84.00
2013	71.46
2014	77.75

图4-34 查询结果

6. 单击"保存"命令，把查询保存为"年级平均成绩"。

【实例 4-9】查询“王”姓或“万”姓教师的授课情况，保存为“王或万姓教师授课情况”，查询结果显示“姓名”、“课程名称”、“授课时间”和“授课地点”。

操作步骤：

1. 打开“教学管理系统”数据库，在数据库窗口中，单击“对象类型”下的“查询”对象。

2. 单击“创建”菜单下的“查询设计”命令，在“显示表”对话框中添加“教师信息”表、“授课安排”表和“课程信息”表。单击“关闭”按钮关闭“显示表”对话框。

3. 按图 4-35 所示在设计视图的网格中添加“姓名”、“课程信息”、“授课时间”和“授课地点”四个字段，并在“姓名”字段的条件处输入条件“Like "王*" Or Like "万*"”。

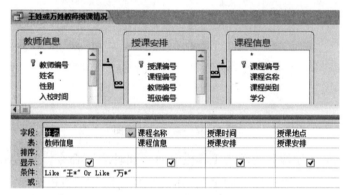

图 4-35　设置查询条件

4. 单击“运行”命令得到查询结果，如图 4-36 所示。

王姓或万姓教师授课情况

姓名	课程名称	授课时间	授课地点
万翔	警察法	周三（3-4节）	306
万翔	狱政管政	周三（3-4节）	405
万路	损伤鉴定	周三（3-4节）	305
万路	痕迹鉴定	周五（1-2节）	406
王玲	计算机文化基础	周一（3-4节）	509
王玲	数据库技术	周一（1-2节）	408
王硕	心理学	周三（3-4节）	410
王硕	心理学	周三（1-2节）	410
王硕	警察法	周一（3-4节）	301

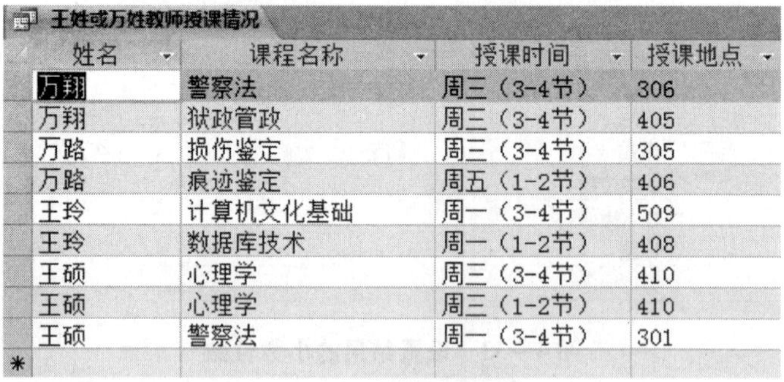

图 4-36　查询结果

5. 单击“保存”命令，把查询保存为“王或万姓教师授课情况”。

【实例 4-10】查询每个学生的年龄，并保存为“学生的年龄”，查询结果显示“学号”、“姓名”、“班级编号”、“出生日期”和“年龄”。

操作步骤：

1. 打开“教学管理系统”数据库，在数据库窗口中，单击“对象类型”下的“查询”对象。

2. 单击"创建"菜单下的"查询设计"命令,在"显示表"对话框中添加"学生信息"表。单击"关闭"按钮关闭"显示表"对话框。

3. 按图 4-37 所示的内容,依次在设计网格中添加"学号"、"姓名"、"班级编号"和"出生日期",接着在第五列的"字段"行输入"年龄:Year(Date())-Year([出生日期])"。

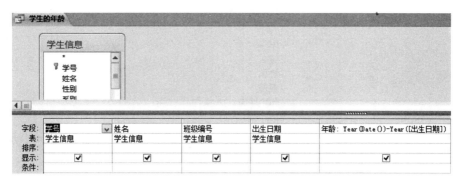

图 4-37 "学生的年龄"查询设计视图

4. 单击"运行"命令得到查询结果,如图 4-38 所示。

学号	姓名	班级编号	出生日期	年龄
2012101	刘思思			
2013001	李国松	2013101	1996/2/14	19
2013002	毛新星	2013102	1996/9/12	19
2013003	闻文	2013103	1996/7/6	19
2013004	邓杰	2013105	1996/12/9	19
2013005	李立	2013101	1996/11/9	19
2013006	刘洋	2013101	1995/3/7	20
2013007	陈晨	2013105	1996/8/7	19
2013008	陈楠	2013108	1995/1/2	20
2013009	黄力良	2013108	1996/9/12	19
2013010	孙亮	2013107	1996/10/19	19
2013011	欧阳修	2013107	1996/5/7	19

图 4-38 "学生的年龄"查询结果

5. 单击"保存"命令,把查询保存为"学生的年龄"。

【实例 4-11】统计"学生信息"表中各系的人数,保存为"各系人数统计",结果显示"系别"和"人数"两个字段。

操作步骤:

1. 打开"教学管理系统"数据库,在数据库窗口中,单击"对象类型"下的"查询"对象。

2. 单击"创建"菜单下的"查询设计"命令,在"显示表"对话框中添加"学生信息"表。单击"关闭"按钮关闭"显示表"对话框。

3. 在设计网格中添加"系别"和"学号"两个字段，并在"学号"前输入"人数:"，单击工具栏上的"汇总"命令添加"总计"行；"系别"的"总计"行处选"Group By"选项，"人数：学号"的"总计"行选"计数"选项，如图4-39所示。

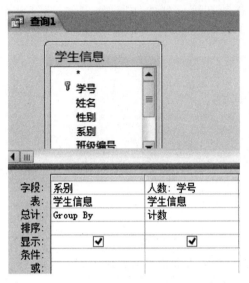

图4-39   "各系人数统计"查询设计视图

4. 单击"运行"命令，得到查询结果如图4-40所示。

图4-40   "各系人数统计"查询结果

5. 单击"保存"命令，把查询保存为"各系人数统计"。

【实例4-12】创建一个查询，按"课程名称"分类统计最高分与最低分的差，结果显示"课程名称"和"最高分与最低分的差"两个字段。

操作步骤：

1. 打开"教学管理系统"数据库，在数据库窗口中，单击"对象类型"下的"查询"对象。

2. 单击"创建"菜单下的"查询设计"命令，在"显示表"对话框中添加"学生成绩"表和"课程信息"表。单击"关闭"按钮关闭"显示表"对话框。

3. 在设计网格中添加"课程名称"字段和"成绩"字段，并把"成绩"字段改写成"最高分与最低分的差：Max（［成绩］）－Min（［成绩］）"。单击"汇总"命令添加汇总列，"课程名称"字段的总计行选"Group By"选项，"最高分与最低分的差"字段的总计行选"Expression"，如图 4-41 所示。

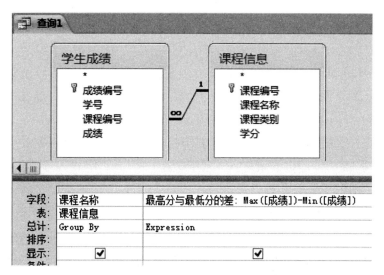

图 4-41 "最高分与最低分的差"查询设计视图

4. 单击工具栏上的"运行"命令，得到查询结果如图 4-42 所示。

课程名称	最高分与最低分的差
动态网页制作	0
公司法	3
计算机网络技术	25
计算机文化基础	0
礼仪	30
面向对象程序设计	50
数据库技术	51
心理学	19
刑法	43

图 4-42 "最高分与最低分的差"查询结果

5. 单击"保存"命令，把查询保存为"最高分与最低分的差"。

任务五 创建参数查询

参数查询是一种可以重复使用的查询，每次使用时都可以改变其准则。每当运行一个参数查询时，Access 都会显示一个对话框，提示用户输入新的准则。

设置参数查询在很多方面类似于设置选择查询，可以直接在设计视图中设置查询条件。可以建立单参数查询，也可建立多参数查询。

一、单参数查询

创建单参数查询，就是在字段中指定一个参数，在运行参数查询时，输入一个参数值。

【**实例4-13**】创建一个参数查询，用于查询任意月份出生的学生信息，保存为"任意月份出生的学生信息"，结果显示"姓名"、"出生日期"和"籍贯"。

操作步骤：

1. 打开"教学管理系统"数据库，在数据库窗口中，单击"对象类型"下的"查询"对象。

2. 单击"创建"菜单下的"查询设计"命令，在"显示表"对话框中添加"学生信息"表。单击"关闭"按钮关闭"显示表"对话框。

3. 按照图4-43所示的设计视图网格，依次添加"姓名"、"出生日期"和"籍贯"；再用一个表达式"表达式1：Month（［出生日期］）"在运行查询时输入查询条件，在表达式对应的"条件"处输入条件"［请输入月份:］"，取消勾选"显示"复选框。

"条件"行中括号中的内容为运行查询时出现在参数对话框中的提示文本。尽管提示的文本可以包含查询字段的字段名，但不能与字段名完全相同。

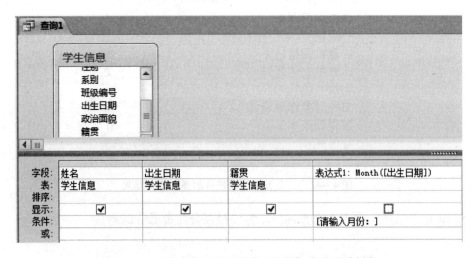

图4-43　"任意月份出生的学生信息"查询设计视图

4. 单击"运行"命令，出现如图4-44所示的"输入参数值"对话框，在此输入数字"9"，用于查询9月份出生的学生信息。

5. 单击"确定"按钮得到查询结果，如图4-45所示。

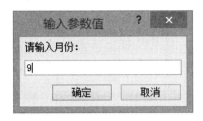

图4-44 "输入参数值"对话框

图4-45 "9月出生的学生信息"查询结果

6. 单击"保存"命令,把查询保存为"任意月份出生的学生信息"。

二、多参数查询

【实例4-14】创建一个参数查询,用于查询任意课程、任意分数段的学生记录,保存为"任意课程、任意分数段的学生记录",查询结果显示"姓名"、"课程名称"和"成绩"。

操作步骤:

1. 打开"教学管理系统"数据库,在数据库窗口中,单击"对象类型"下的"查询"对象。

2. 单击"创建"菜单下的"查询设计"命令,在"显示表"对话框中添加"学生信息"表、"学生成绩"表和"课程信息"表。单击"关闭"按钮关闭"显示表"对话框。

3. 在设计网格中添加"姓名"、"课程名称"和"成绩"三个字段。为"课程名称"字段指定条件"[请输入课程名称:]",为"成绩"字段指定条件"Between [起始分数点:] And [结束分数点:]"。如图4-46所示。

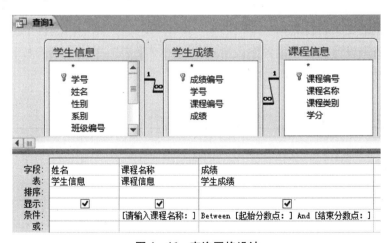

图4-46 查询网格设计

4. 单击"运行"命令,出现如图4-47所示的三个"输入参数值"对话框,依次输入参数"面向对象程序设计"、"80"、"90",并单击"确定"按钮。

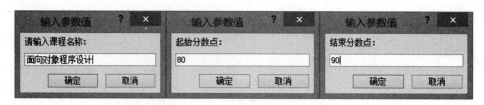

图4-47　三个"输入参数值"对话框

5. 得到查询结果如图4-48所示。

姓名	课程名称	成绩
李国松	面向对象程序设计	89
闻文	面向对象程序设计	90
李立	面向对象程序设计	88

图4-48　多参数查询结果

6. 单击"保存"命令，把查询保存为"任意课程、任意分数段的学生记录"。

任务六　创建交叉表查询

交叉表查询用于对数据进行汇总或其他计算，并对这些数据进行分组。一组显示在数据表的左部（行标题），一组显示在数据表的顶部（列标题），具体的数据值则显示在数据表的中间，使数据的显示更加直观。

在Access中可以使用向导创建交叉表查询，也可以使用设计视图创建交叉表查询。但使用向导只能创建基于一个表或查询的交叉表查询，而使用设计视图可以创建基于多个表或查询的交叉表查询。

交叉表查询设计视图中，各字段所对应的"交叉表"单元格下拉按钮列表中有4个选项，其功能如表4-5所示。

表4-5　交叉表查询选项

名称	功　能
行标题	显示为行标题。其"总计"行只能是分组（Group By）
列标题	显示为列标题。其"总计"行只能是分组（Group By）
值	显示值。其"总计"行可以按具体要求选择
（不显示）	不显示

【实例4-15】创建一个查询，用于查找每个班的平均成绩及每班男女生的平均成绩，保存为"各班男女生平均成绩"。

操作步骤：

1. 打开"教学管理系统"数据库，在数据库窗口中，单击"对象类型"下的"查询"对象。

2. 单击"创建"菜单下的"查询设计"命令，在"显示表"对话框中添加"学生信息"表和"学生成绩"表。单击"关闭"按钮关闭"显示表"对话框。

3. 单击"设计"工具栏上的"交叉表"命令，网格中出现"交叉表"行。把"班级编号"设为"行标题"，"性别"设为"列标题"，"成绩"设为"值"，另加一个"平均成绩"设为"行标题"，如图4-49所示。

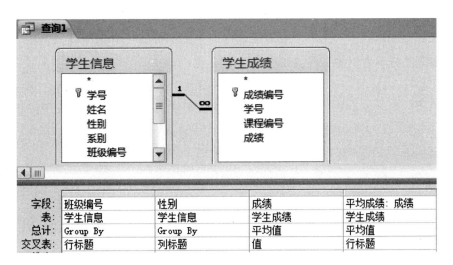

图4-49 交叉表查询设计视图

4. 单击"运行"命令，得到查询结果如图4-50所示。

班级编号	平均成绩	男	女
	84		84
2013101	71.1111111111111	63.5	73.2857142857143
2013102	73.75	73.75	
2013103	84.75		84.75
2013105	77	77	
2013107	59.3333333333333	59.3333333333333	
2013108	58.3333333333333	58.3333333333333	
2014103	70	54	86
2014104	85.5	85.5	

图4-50 "各班男女生平均成绩"查询结果

5. 单击"保存"命令，把查询保存为"各班男女生平均成绩"。

任务七　创建操作查询

前面所介绍的查询只是从指定的表或查询中查找出符合给定条件的记录以形成动态集。操作查询除能完成上述查询功能外，还能对动态集进行某种操作，并将操作结果返回到指定的表中，即改变数据表的内容。操作查询包括四种类型：生成表查询、更新查询、追加查询、删除查询。

一、生成表查询

生成表查询是把一个或多个表中筛选出的全部或部分记录保存到一个新表中。生成的新表并不继承表中的字段属性和主键设置。

【实例 4－16】利用"教师信息"表、"授课安排"表和"课程信息"表创建一个生成表查询，用以查询信息系教师的授课情况，查询保存为"信息系教师授课情况"，查询结果显示"姓名"、"系别"、"课程名称"、"授课地点"和"授课时间"。

操作步骤：

1. 打开"教学管理系统"数据库，在数据库窗口中，单击"对象类型"下的"查询"对象。

2. 单击"创建"菜单下的"查询设计"命令，在"显示表"对话框中添加"教师信息"表、"授课安排"表和"课程信息"表。单击"关闭"按钮关闭"显示表"对话框。

3. 在设计网格中依次添加"姓名"、"系别"、"课程名称"、"授课地点"和"授课时间"五个字段，在"系别"的"条件"处输入条件"信息系"。如图 4－51 所示。

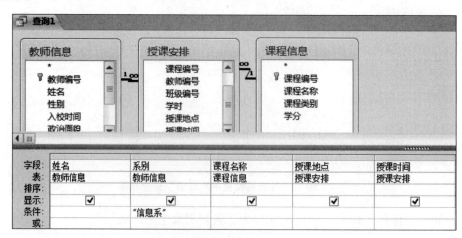

图 4－51　"信息系教师授课情况"查询设计视图

4. 单击"视图"下的"数据表视图"，可以预览该生成表查询创建的新表里的数据，如图4-52所示。

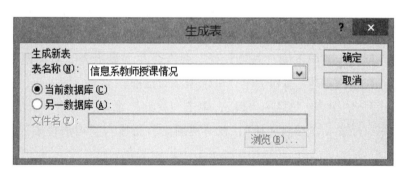

姓名	系别	课程名称	授课地点	授课时间
马悦	信息系	面向对象程序设计	508	周一（1~2节）
马悦	信息系	计算机文化基础	509	周二（3~4节）
马悦	信息系	计算机网络技术	509	周二（5~6节）
马悦	信息系	动态网页制作	706	周三（5~6节）
马悦	信息系	动态网页制作	706	周四（5~6节）
马悦	信息系	计算机文化基础	303	周四（3~4节）
闻牧	信息系	数据库技术	508	周二（1~2节）
闻牧	信息系	计算机网络技术	509	周四（3~4节）
王玲	信息系	计算机文化基础	509	周一（3~4节）
王玲	信息系	数据库技术	408	周一（1~2节）
张煜	信息系	数据库技术	508	周五（1~2节）
张煜	信息系	计算机文化基础	303	周四（1~2节）

图4-52　预览生成表查询结果

5. 单击"设计"菜单下的"生成表"命令，弹出"生成表"对话框，如图4-53所示。

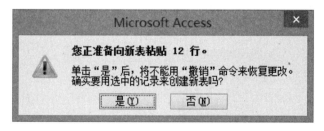

图4-53　"生成表"对话框

6. 在"生成表"对话框中输入新表名称"信息系教师授课情况"，单击"确定"按钮。

7. 单击"运行"命令执行该查询，弹出如图4-54所示的"生成新表"确认对话框。单击"是"按钮完成生成表查询。

![Microsoft Access 对话框]
您正准备向新表粘贴 12 行。
单击"是"后，将不能用"撤销"命令来恢复更改。
确实要用选中的记录来创建新表吗？
是(Y)　否(N)

图4-54　"生成新表"确认对话框

8. 打开"表"对象，可以看到多了一个新表"信息系教师授课情况"，如图4-55

所示。打开"信息系教师授课情况"表，可以看到与图4－52所示的查询结果一致。

9. 单击"保存"命令，把查询保存为"信息系教师授课情况－生成表"。

所有的选择查询都可以改变为生成表查询，只要在打开某个查询的设计视图后，单击"设计"菜单下的"生成表"命令。

图4－55　生成了新表

二、更新查询

更新查询就是对一个或多个表中的数据进行更改。运行更新查询的结果是自动修改了相关表中的数据。如果设置了级联更新，则更新了一个表中的数据，与之建立联系的相关表中的相关数据也会自动更新。

【实例4－17】创建一个更新查询，将"学生信息"表中的系别"司法文秘"更改为"司法警务"，查询保存为"学生系别更改"。

操作步骤：

1. 打开"教学管理系统"数据库，在数据库窗口中，单击"对象类型"下的"查询"对象。

2. 单击"创建"菜单下的"查询设计"命令，在"显示表"对话框中添加"学生信息"表。单击"关闭"按钮关闭"显示表"对话框。

3. 在设计网格中添加"系别"字段，单击"更新"命令，网格中新增"更新到"行，在"条件"行输入"司法文秘"，在"更新到"行输入"司法警务"，如图4－56所示。

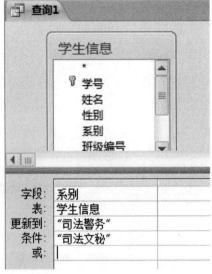

图4－56　"学生系别更改"设计视图

4. 单击"运行"命令，弹出更新提示对话框，如图4-57所示。单击"是"完成系别更改。

图4-57 更新提示对话框

5. 单击"保存"命令，把查询保存为"学生系别更改"。

三、追加查询

创建追加查询，可以方便地实现将数据源中符合指定条件的所有记录，添加到一个指定的数据表中。值得注意的是，被追加记录的数据表必须是已经存在的，这个表可以是当前数据库中的表，也可以是其他数据库中的表。

【实例4-18】创建一个追加查询，将"安保系教师授课情况"查询所得的记录，追加到前面创建的"信息系教师授课情况"表。将查询保存为"追加安保系教师授课情况记录"。

操作步骤：

1. 打开"教学管理系统"数据库，在数据库窗口中，单击"对象类型"下的"查询"对象。

2. 单击"创建"菜单下的"查询设计"命令，在"显示表"对话框中添加"教师信息"表、"授课安排"表和"课程信息"表。单击"关闭"按钮关闭"显示表"对话框。

3. 在设计网格中依次添加"姓名"、"系别"、"课程名称"、"授课地点"和"授课时间"五个字段，在"系别"的"条件"处输入条件"安保系"，如图4-58所示。

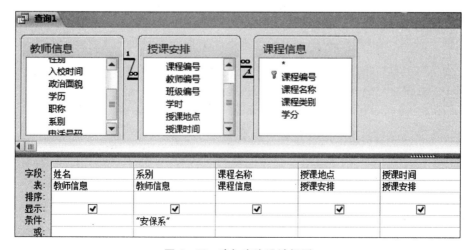

图4-58 追加查询设计视图

4. 单击"追加"命令，弹出"追加"对话框，在"追加到表名称"处选择"信息系教师授课情况"表，如图 4 – 59 所示。单击"确定"按钮。

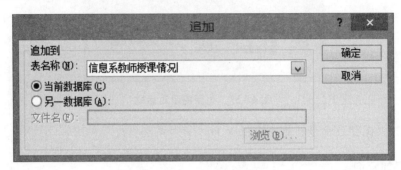

图 4 – 59 "追加"对话框

5. 单击"运行"命令，弹出"追加确认"对话框，如图 4 – 60 所示。单击"是"按钮完成追加表操作。

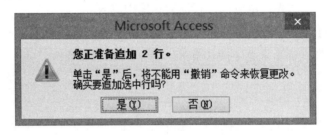

图 4 – 60 "追加确认"对话框

6. 单击"保存"命令，将查询保存为"追加安保系教师授课情况记录"。

四、删除查询

删除查询可以从一个或多个表中删除一个或一组记录。当数据库中的某些数据不需要再进行维护时，就可以删除这些数据。需要注意的是，执行了删除查询操作以后，如果错删了记录，是不能通过撤销等操作来还原数据的。因此，执行删除查询应谨慎。另外，为了以防万一，一定要及时做好数据库备份。如果设置了级联删除，则删除了一个表中的数据，与之有关系的表中的数据也会自动删除。

【实例 4 – 19】创建一个删除查询，将"学生成绩"表中成绩小于 60 分的记录删除。查询保存为"删除成绩不及格学生记录"。

操作步骤：

1. 打开"教学管理系统"数据库，在数据库窗口中，单击"对象类型"下的"查询"对象。

2. 单击"创建"菜单下的"查询设计"命令，在"显示表"对话框中添加"学生成绩"表。单击"关闭"按钮关闭"显示表"对话框。

3. 在设计网格中添加"成绩"字段，单击"删除"命令，网格中出现"删除"行，并自动填入"Where"，在"条件"行输入条件"<60"。如图4-61所示。

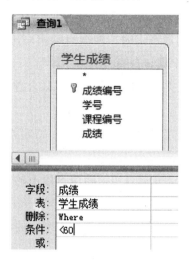

图4-61 删除查询设计视图

4. 单击"运行"命令，出现"删除"提示对话框，如图4-62所示。单击"是"按钮完成删除查询。

图4-62 "删除确认"对话框

5. 单击"保存"按钮，将查询保存为"删除成绩不及格学生记录"。

任务八 创建 SQL 查询

SQL 查询是使用 SQL 语句创建的查询。SQL 是 Structured Query Language（结构化查询语言）的缩写，是在数据库系统中应用广泛的数据库查询语言。由于 SQL 具有功能强大、使用方式灵活、语言简单易学等优点，所以已经成为数据库操作的基础，几乎所有的数据库均支持 SQL。

概括起来，SQL 有以下几个主要功能：

1. **数据操纵语言 DML**（Data Manipulation Language）：用于检索或者修改数据。

2. **数据定义语言 DDL**（Data Definition Language）：用于定义数据的结构，比如创

建、修改或者删除数据库对象。

3. 数据控制语言 DCL（Data Control Language）：用于定义数据库用户的权限。

在 Access 中，任何一个查询都对应着一个 SQL 语句，查询对象的实质是一条 SQL 语句。在使用查询设计视图创建查询时，便会自动撰写出相应的 SQL 代码，用户通过 SQL 视图可以看到 SQL 查询语句。

SQL 查询可以分为以下五类：数据定义查询、联合查询、SQL 选择查询、SQL 操作查询和子查询。

数据定义查询：包含数据定义语言语句的 SQL 特定查询。这些语句可以用来创建或更改数据库中的对象。

联合查询：该查询使用 Union 运算符，将两个以上的表或查询所对应的字段合并为一个字段。

SQL 选择查询：主要利用 Select 语句查询数据库中的数据。

SQL 操作查询：主要利用 Select 语句、Update 语句、Insert 语句和 Delete 语句进行生成表、更新、追加和删除查询。

子查询：是一个 Select 语句，嵌套在 Select、Insert、Update 与 Delete 语句或其他的子查询语句中。

一、用 SQL 创建表

建立数据库的主要操作之一是定义基本表。在 SQL 语言中，使用 CREATE TABLE 语句定义基本表，其语句格式如下：

CREATE TABLE ＜表名＞([＜字段名 1＞]＜数据类型 1＞[字段级完整性约束条件 1]

[,[＜字段名 2＞]＜数据类型 2＞[字段级完整性约束条件 2]][,…]

[,[＜字段名 n＞]＜数据类型 n＞[字段级完整性约束条件 n]]);

一般语法格式包含的符号及其含义：

＜＞:表示在实际的语句中要采用实际需要的内容进行替代。

[]:表示可以根据需要进行选择,也可以不选。

|:表示多项选项只能选择其中之一。

{}:表示必选项。

该语句的功能是创建一个表结构。其中，＜表名＞定义表的名称，＜字段名＞定义表中一个或多个字段的名称，＜数据类型＞是对应字段的数据类型。要求每个字段必须定义字段名和数据类型。[字段级完整性约束条件]定义相关字段的约束条件，包括主键约束（Primary Key）、数据唯一约束（Unique）、空值约束（Not Null 或 Null）、完整性约束（Check）等。

【实例 4 – 20】 按照“教学管理系统”数据库中“学生信息”表的表结构，用 SQL 语句创建一个同样的表，表名为“学生信息 1”。查询保存为“创建表 – SQL”。

操作步骤：

1. 打开“教学管理系统”数据库，在数据库窗口中，单击“对象类型”下的“查询”对象。

2. 单击“创建”菜单下的“查询设计”命令，不添加任何表，直接单击“关闭”按钮关闭“显示表”对话框。

3. 单击“数据定义”命令进入 SQL 视图，并输入代码，如图 4 – 63 所示。

查询1

```
CREATE TABLE 学生信息1 (学号 TEXT(8) PRIMARY KEY, 姓名 TEXT(8), 性别 TEXT(2),系别 TEXT(8),
班级编号 TEXT(8), 出生日期 DATE,政治面貌 TEXT(8),籍贯 TEXT(6),入学成绩 INTEGER);
```

图 4 – 63　SQL 语句创建表

4. 单击“运行”按钮完成创建“学生信息 1”表。切换到表对象，即可看到多了“学生信息 1”表，说明成功创建了该表。

5. 单击“保存”命令，将查询保存为“创建表 – SQL”。

二、用 SQL 修改表结构

创建后的表一旦不满足需要，就要进行修改。修改表结构是对表中已有的字段进行修改，或在表中增加字段，或删除表中已有的字段。

SQL 增加字段的语句格式为：

ALTER TABLE <表名>
ADD[<新字段名> <数据类型>]

SQL 删除字段的语句格式为：

ALTER TABLE <表名>
DROP <字段名>

SQL 删除表的语句格式为：

DROP TABLE <表名>

【实例 4 – 21】 在“学生信息 1”表中增加一个“毕业学校”字段，数据类型为“文本型”，字段长度为 20。

ALTER TABLE 学生信息 1 ADD 毕业学校 TEXT(20)；

【实例 4 – 22】 在“学生信息 1”表中删除“毕业学校”字段。

ALTER TABLE 学生信息 1 DROP 毕业学校；

三、用 SQL 插入一条记录

INSERT 语句实现数据的插入功能，可以将一条新记录插入到指定表中。插入语句格式为：

INSERT INTO < 表名 >

VALUES(< 常量 1 > , [, < 常量 2 >]…) ;

插入的新记录格式必须与表的结构完全吻合，若只需要插入表中某些字段的数据，就须列出插入数据的字段名，相应表达式的数据位置也应与之对应。

【实例 4 –23】 向"学生信息 1"表插入一条记录。

操作步骤：

1. 打开"教学管理系统"数据库，并在设计视图下新建一个查询，不添加任何表，切换到 SQL 视图。

2. 在 SQL 视图下输入插入语句"INSERT INTO 学生信息 1 VALUES（"20141201"，"马腾"，"男"，"信息管理系"，"2014025"，"1998 – 9 – 8"，"团员"，"江门"，523）；"。如图 4 – 64 所示。

图 4 – 64 SQL 语句插入记录

3. 单击"运行"命令，弹出"追加提示"对话框，如图 4 – 65 所示。单击"是"按钮。

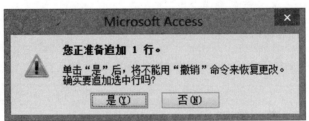

图 4 – 65 "追加提示"对话框

4. 打开"学生信息 1"表，可以看到添加了一条新记录。如图 4 – 66 所示。

图 4 – 66 插入记录完成

5. 单击"保存"命令，把查询保存为"插入记录 – SQL"。

四、用 SQL 删除指定记录

DELETE 语句能够对指定表所有记录或满足条件的记录进行删除操作。语句格式为：

DELETE * FROM < 表名 >［WHERE < 条件 >］；

其中，FROM 子句指定从哪个表中删除数据；WHERE 子句指定被删除的记录所满足的条件。如果不使用 WHERE 子句，则删除该表的所有记录。

【实例 4 - 24】删除"学生信息 1"表中籍贯为"珠海"的学生记录。

DELETE * FROM 学生信息 1 WHERE 籍贯 = "珠海"；

五、用 SQL 更新记录

UPDATE 语句能够对指定表的所有记录或满足条件的记录进行更新操作。语句格式为：

UPDATE < 表名 > SET < 字段名 1 > = < 表达式 1 >［, < 字段名 2 > = < 表达式 2 >］…WHERE［ < 条件 >］

其中，< 字段名 > = < 表达式 > 是用表达式的值替代对应字段的值，并且一次可以修改多个字段。通常使用 WHERE 子句来指定被更新记录字段值所满足的条件。如果不使用 WHERE 子句，则更新所有记录。

【实例 4 - 25】将"江门"学生的籍贯改为"广东江门"。

UPDATE 学生信息 1 SET 籍贯 = "广东江门" WHERE 籍贯 = "江门"；

六、用 SELECT 语句查询记录

SELECT 语句是 SQL 语言中功能强大、使用灵活的语句之一，它能够实现数据的筛选、投影和联接操作，并能够完成筛选字段重命名、多数据源数据组合、分类汇总和排序等具体操作。SELECT 的语句格式为：

SELECT［ALL｜DISTINCT｜TOP］［显示的字段名或表达式］［AS 别名］［, …］
FROM < 表名或查询名 >
INNER JOIN < 表名或查询名 > ON < 条件表达式 >
［WHERE 条件表达式］
［GROUP BY < 分组字段名 >］
［HAVING 分组条件表达式］
［ORDER BY 排序字段名［ASC｜DESC］］；

其中：

ALL：表示查询所有符合条件的记录。如果没有指定，则默认值为 ALL。

DISTINCT：表示查询结果不包含重复记录。

TOP：使用 TOP n 可以返回查询结果最前面的 n 条记录。使用 TOP n PERCENT 可以返回记录的百分比。

AS 别名子句：可以为返回的字段取一个新的名称，以增强表的可读性。

FROM 子句：表示要查询的数据来自哪些表或查询。

INNER JOIN < 表名或查询名 > ON < 条件表达式 >：表示查询结果是由多表数据源组成的记录集。

WHERE 子句：用来说明查询条件，条件表达式可以是关系表达式，也可以是逻辑表达式。如果不选择该子句，则表示选择全部记录。使用时必须接在 FROM 子句之后。

GROUP BY 子句：用于将查询结果按指定的列分组，每组产生一个汇总记录。

HAVING 子句：指定分组满足的条件，必须跟随 GROUP BY 使用。

ORDER BY 子句：指定查询结果的排序方式，其中，ASC 表示按升序排序，DESC 表示按降序排序。默认情况下为升序排序。

【实例 4 - 26】查找信息系职称为教授的记录，结果按教师编号降序排列。

SELECT * FROM 教师信息

WHERE(系别 = "信息系") AND(职称 = "教授")

ORDER BY 教师编号 DESC;

【实例 4 - 27】查找并计算信息系学生的总学分，查询结果显示 "姓名"、"系别" 和 "总学分" 三个字段。

SQL 查询语句如下：

SELECT 姓名, 系别, Sum(学分) AS 总学分

FROM 学生信息 INNER JOIN(课程信息 INNER JOIN 学生成绩 ON 课程信息 . 课程编号 = 学生成绩 . 课程编号) ON 学生信息 . 学号 = 学生成绩 . 学号

GROUP BY 姓名, 系别

HAVING 系别 = "信息系";

还可以写成：

SELECT 姓名, 系别, Sum(学分) AS 总学分

FROM 学生信息, 课程信息, 学生成绩

WHERE(学生信息 . 学号 = 学生成绩 . 学号) AND(课程信息 . 课程编号 = 学生成绩 . 课程编号)

GROUP BY 姓名, 系别

HAVING 系别 = "信息系";

【实例 4 - 28】查找成绩在 80（含 80）分以上的学生记录，结果显示"学号"、"姓名"、"课程名称"和"成绩"，结果按学号升序排列。

SELECT 学生信息.学号,姓名,课程名称,成绩

FROM 学生信息,课程信息,学生成绩

WHERE(成绩 > = 80)AND(学生信息.学号 = 学生成绩.学号)AND(课程信息.课程编号 = 学生成绩.课程编号)

ORDER BY 学生信息.学号;

注：由于"学号"字段存在于多个表中，因此，用"学生信息.学号"来说明该学号来自于哪个表。对于只存在于一个表中的字段，直接用该字段名来表示即可，例如本例中的"课程名称"和"成绩"两个字段。

习　题

一、选择题

1. 在 Access 中，建立查询的方法有（　　）。

A. 使用"查询向导"　　　　　　B. 使用查询视图

C. 使用"显示表"视图　　　　　D. A、B、C 三项都是

2. 下列 SELECT 语句语法正确的是（　　）。

A. SELECT * FROM"学生表"WHERE 专业 = 法律

B. SELECT * FROM 学生表 WHERE 专业 = 法律

C. SELECT * FROM"学生表"WHERE 专业 = "法律"

D. SELECT * FROM 学生表 WHERE 专业 = '法律'

3. 关于选择查询以下叙述错误的是（　　）。

A. 查询的结果是一组数据的"静态集"

B. 根据查询准则，从一个或多个表中获取数据并显示结果

C. 可以对查询记录进行总计、计数和平均等计算

D. 可以对记录进行分组

4. 在 Access 中有（　　）种关系运算符。

A. 4　　　　　　　　B. 5　　　　　　　　C. 6　　　　　　　　D. 7

5. 既能从表中选择数据，又能对表中数据进行修改的查询是（　　）。

A. 选择查询　　　　　　　　　　B. 操作查询

C. 参数查询　　　　　　　　　　D. 生成表查询

6. 如果在一个数据库表中查找姓名不是李华的记录，下列准则正确的是（　　）。

A. Not "李华*"　　B. Like "李华*"　　C. Like "李华"　　D. Not "李华"

7. 特殊运算符"Is Null"用于指定一个字段为（　　）。

A. 空字符串　　　　B. 空值　　　　　C. 无效值　　　　D. 缺省值

8. Select 语句中用于返回查询的非重复记录的关键字是（　　）。

A. Group　　　　　B. Top　　　　　C. Having　　　　D. Distinct

9. 关于通配符"*"的含义说法正确的是（　　）。

A. 匹配零或多个字符　　　　　　　B. 匹配一个数字

B. 匹配任何一个字符　　　　　　　D. 匹配一个汉字

10. 下列 SQL 语句中，用于修改表结构的是（　　）。

A. CREATE　　　　B. INSERT　　　　C. UPDATE　　　　D. ALTER

11. 可以在一种紧凑的、类似电子表格的格式中，显示来源于表中某个字段的合计值、计算值、平均值等的查询方式是（　　）。

A. 参数查询　　　B. 操作查询　　　C. SQL 查询　　　D. 交叉表查询

12. 在查询的设计视图中（　　）。

A. 可以添加数据库表，也可以添加查询

B. 不能添加数据库表，也不能添加查询

C. 只能添加数据库表

D. 只能添加查询

13. 将表 A 的记录添加到表 B 中，要求保持表 B 中原有的记录，可以使用的查询是（　　）。

A. 选择查询　　　B. 追加查询　　　C. 更新查询　　　D. 生成表查询

14. 下列关于 SQL 命令的叙述中，正确的是（　　）。

A. INSERT 命令中可以没有 VALUES 关键字

B. INSERT 命令中可以没有 INTO 关键字

C. INSERT 命令中必须有 SET 关键字

D. 以上说法均不正确

15. 在成绩表中要查找成绩≥80 且成绩≤90 的学生，正确的条件表达式是（　　）。

A. 成绩 Between 80 And 90　　　　B. 成绩 Between 80 To 90

C. 成绩 Between 79 And 91　　　　D. 成绩 Between 79 To 91

二、填空题

1. 按照数据的操作方式和结果，数据查询可以分为_____、交叉表查询、参数查询、操作查询和 SQL 查询等五类。

2. 要查找某表中"姓名"字段所有包含"王"字符串的姓名，则应在查找内容框中输入_____。

3. Access 提供了_____种逻辑运算符。

4. 当以文本值作为查询准则时，文本值要用_____括起来。

5. 在 Access 中，建立查询的方法有两种，可以使用_____和_____。

6. Access 表的查询是_____、数据重组、统计分析、_____、_____等操作的基础。

7. SQL 查询主要包括_____、传递查询、_____和子查询等四种。

8. 在 Access 中，查询具有_____和_____的功能。

9. _____查询可以从一个或多个表中删除一组记录。

10. 在 Access 中，如果要对大批量的数据进行修改，为了提高效率，最好使用_____查询。

三、实训题

1. 在"教学管理系统"数据库中，查找出"面向对象程序设计"课程成绩排在前三名的学生，查询结果包括字段"学号"、"姓名"、"班级"、"课程名称"和"成绩"。

2. 给籍贯为广州的学生的入学成绩加10分。

3. 使用查询设计视图创建一个选择查询，计算学生的平均成绩，结果显示"姓名"和"平均成绩"两个字段。

————项目五————

创 建 窗 体

知识能力与目标

◇ 了解窗体的概念和功能；

◇ 了解窗体的组成和结构；

◇ 掌握各种创建窗体的方法；

◇ 熟练使用各种窗体控件；

◇ 掌握使用窗体维护和修改数据库中数据的方法。

任务一　窗体的基本知识

窗体是 Access 数据库应用系统中最重要的数据库对象之一。窗体也是各种控件的容器，用户可以通过窗体上的控件实现各种操作，如输入数据、显示数据和编辑数据等，也可以通过窗体上的控件打开报表或其他窗体、执行宏或 VBA 编写的代码程序。

窗体本身并不存储数据，但应用窗体可以使数据库中数据的输入、修改和查看变得直观和方便。窗体还可以作为应用程序的控制界面，将整个应用系统的各个对象有机地组织起来，从而形成一个实用的应用系统。

一、窗体的功能

归纳起来，窗体的功能主要有以下几个方面：

1. 数据输入。通过数据输入窗体，可以实现增加、修改、删除数据的功能。

2. 数据显示。这是窗体最常见的功能，通过窗体可以显示表或查询中的数据。

3. 消息显示。通过窗体可以给用户一些提示或警告消息，及时告诉用户会发生什么情况或者应注意些什么。

4. 控制程序的执行流程。窗体可以与宏或函数相结合，控制程序的执行。窗体中的所有信息都包含在控件中，例如可以在窗体中使用标签显示信息，使用命令按钮打开另一个窗体。

5. 自定义对话框。用来接收用户输入的数据，并根据输入的数据来执行相应的操作。

6. 切换面板。类似于系统的主界面，用来打开数据库中的其他窗体和报表，通过切换面板可以将整个应用程序组织起来，形成一个完整的数据库应用系统。

二、窗体的分类

从不同的角度可以将窗体分成不同的类型。

按照窗体的不同作用，可以把窗体分为数据输入窗体、切换面板窗体、自定义对话框。

1. 数据输入窗体。这种窗体一般是基于表和查询创建的，它主要由各种绑定型控件组成。利用数据输入窗体可以实现数据的输入、编辑和显示。

2. 切换面板窗体。这种窗体主要用来控制应用程序的运行。切换面板窗体中通常会有多个命令按钮，用户单击某个按钮即可调用对应的功能或者转去执行相应的程序。

3. 自定义对话框。除了数据输入窗体和切换面板窗体外，在开发数据库应用系统时通常还需要创建一些其他类型的窗体和对话框。例如，系统登录窗体、数据搜索窗体以及各种信息提示或警告对话框等。

按照数据的显示方式不同，可以把窗体分为以下几类：

1. 单页窗体。其特点是一屏只显示一条记录，按列分布，左边显示字段名称，右边显示数据，如图 5 – 1 所示。

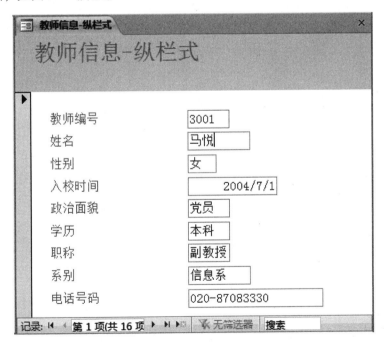

图 5 – 1　单页窗体

2. 表格式窗体。表格式窗体将每条记录的字段横向排列，字段标签放在窗体顶部，即窗体页眉处，如图 5 –2 所示。

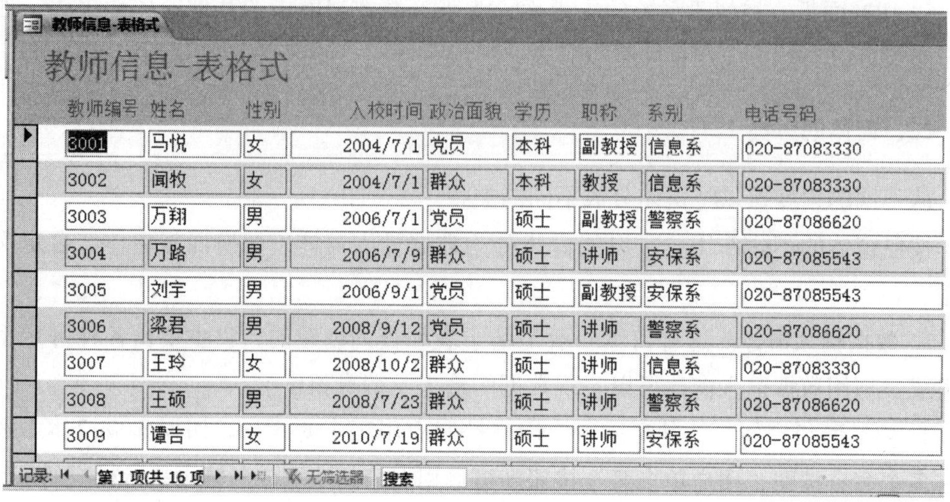

教师信息-表格式

教师信息-表格式

教师编号	姓名	性别	入校时间	政治面貌	学历	职称	系别	电话号码
3001	马悦	女	2004/7/1	党员	本科	副教授	信息系	020-87083330
3002	闻牧	女	2004/7/1	群众	本科	教授	信息系	020-87083330
3003	万翔	男	2006/7/1	党员	硕士	副教授	警察系	020-87086620
3004	万路	男	2006/7/9	群众	硕士	讲师	安保系	020-87085543
3005	刘宇	男	2006/9/1	党员	硕士	副教授	安保系	020-87085543
3006	梁君	男	2008/9/12	党员	硕士	讲师	警察系	020-87086620
3007	王玲	女	2008/10/2	群众	硕士	讲师	信息系	020-87083330
3008	王硕	男	2008/7/23	群众	硕士	讲师	警察系	020-87086620
3009	谭吉	女	2010/7/19	群众	硕士	讲师	安保系	020-87085543

记录: 第 1 项(共 16 项 无筛选器 搜索

图 5 –2　表格式窗体

3. 数据表窗体。这种窗体在外观上和数据表以及查询的数据表视图很相似，如图 5 –3 所示。

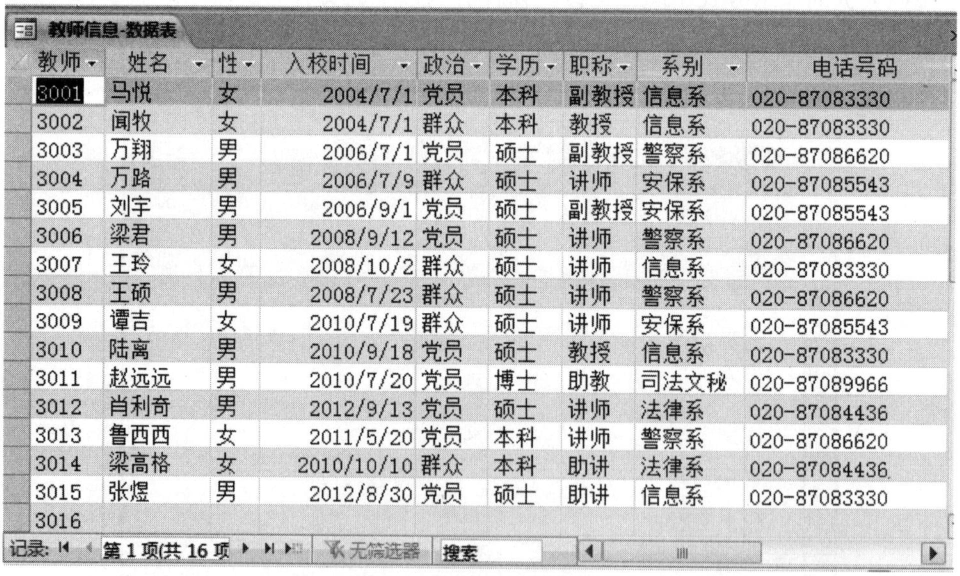

教师信息-数据表

教师	姓名	性	入校时间	政治	学历	职称	系别	电话号码
3001	马悦	女	2004/7/1	党员	本科	副教授	信息系	020-87083330
3002	闻牧	女	2004/7/1	群众	本科	教授	信息系	020-87083330
3003	万翔	男	2006/7/1	党员	硕士	副教授	警察系	020-87086620
3004	万路	男	2006/7/9	群众	硕士	讲师	安保系	020-87085543
3005	刘宇	男	2006/9/1	党员	硕士	副教授	安保系	020-87085543
3006	梁君	男	2008/9/12	党员	硕士	讲师	警察系	020-87086620
3007	王玲	女	2008/10/2	群众	硕士	讲师	信息系	020-87083330
3008	王硕	男	2008/7/23	群众	硕士	讲师	警察系	020-87086620
3009	谭吉	女	2010/7/19	群众	硕士	讲师	安保系	020-87085543
3010	陆离	男	2010/9/18	党员	硕士	教授	信息系	020-87083330
3011	赵远远	男	2010/7/20	党员	博士	助教	司法文秘	020-87089966
3012	肖利奇	男	2012/9/13	党员	硕士	讲师	法律系	020-87084436
3013	鲁西西	女	2011/5/20	党员	本科	讲师	警察系	020-87086620
3014	梁高格	女	2010/10/10	群众	本科	助讲	法律系	020-87084436
3015	张煜	男	2012/8/30	党员	硕士	助讲	信息系	020-87083330
3016								

记录: 第 1 项(共 16 项 无筛选器 搜索

图 5 –3　数据表窗体

4. 数据透视表窗体。这是一种交互式窗体，它可以实现用户选定的计算。所进行的计算与数据在透视表中的排列有关。如图 5 –4 所示为统计各系别不同职称的教师人数的数据透视表窗体。

系别	(空白) 教师编号	副教授 教师编号	讲师 教师编号	教授 教师编号	助讲 教师编号	助教 教师编号	总计 教师编号
(空白)	1						1
安保系		1	2				3
法律系			1		1		2
警察系		1	3				4
司法文秘						1	1
信息系		1	1	2	1		5
总计	1	3	7	2	2	1	16

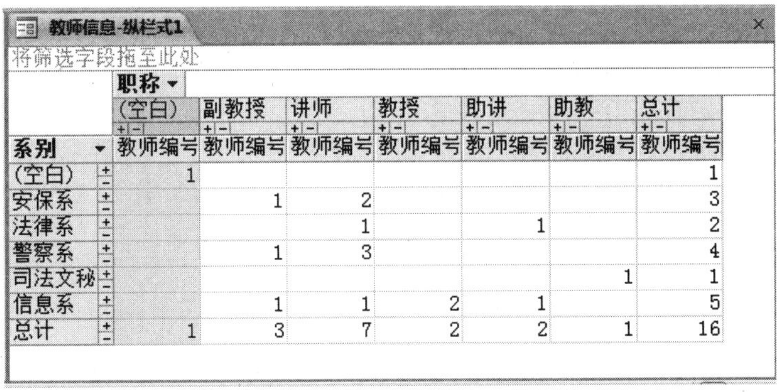

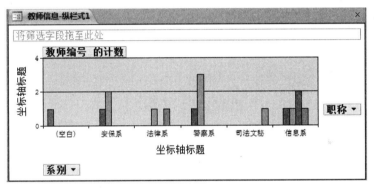

图 5－4　数据透视表窗体

5. 数据透视图窗体。这是一种交互式窗体，类似于数据透视表窗体的功能，区别是数据透视图窗体通过选择图表类型来显示数据。如图 5－5 所示为统计各系别不同职称的教师人数的数据透视图窗体。

图 5－5　数据透视图窗体

6. 分割窗体。分割窗体可以同时提供数据的两种视图，即窗体视图和数据表视图。这两种视图连接到同一数据源，并且总是保持相互同步。如图 5－6 所示。

教师编号	姓名	性别	入校时间	政治面貌	学历	职称	系别	电话号码
3001	马悦	女	2004/7/1	党员	本科	副教授	信息系	020-87083330
3002	闻牧	女	2004/7/1	群众	本科	教授	信息系	020-87083330
3003	万翔	男	2006/7/1	党员	硕士	副教授	警察系	020-87086620
3004	万路	男	2006/7/9	群众	硕士	讲师	安保系	020-87085543
3005	刘宇	男	2006/9/1	党员	硕士	副教授	安保系	020-87085543
3006	梁君	男	2008/9/12	党员	硕士	讲师	警察系	020-87086620
3007	王玲	女	2008/10/2	群众	硕士	讲师	信息系	020-87083330
3008	王硕	男	2008/7/23	群众	硕士	讲师	警察系	020-87086620
3009	谭吉	女	2010/7/19	群众	硕士	讲师	安保系	020-87085543
3010	陆离	男	2010/9/18	党员	硕士	教授	信息系	020-87083330
3011	赵远远	男	2010/7/20	党员	博士	助教	司法文秘	020-87089966
3012	肖利奇	男	2012/9/13	党员	硕士	讲师	法律系	020-87084436

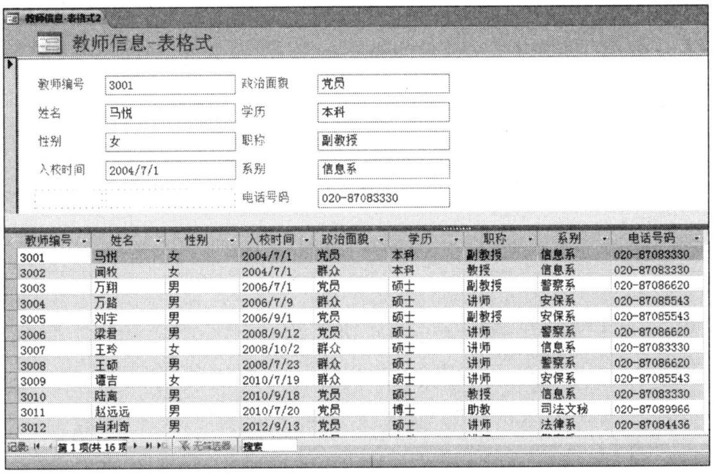

图 5－6　分割窗体

7. 主/子窗体。窗体中可以包含子窗体，该窗体称为主窗体。这类窗体适用于显示来自于多表中的具有一对多关系的数据。如图 5-7 所示。

图 5-7　主/子窗体

三、窗体的视图

为了能从各个层面来查看窗体的数据源，Access 2010 为窗体提供了六种视图：窗体视图、数据表视图、布局视图、设计视图、数据透视表视图和数据透视图视图。不同的窗体视图以不同的形式来显示相应窗体的数据源。

1. 窗体视图。在数据库窗体中，单击"窗体"对象，接着双击其中的某个窗体对象，即可打开该窗体对象的窗体视图。窗体视图是系统默认的窗体对象视图，是用来显示窗体的具体内容并实现窗体功能的视图。每个窗体最底下一行是一组导航按钮，是用来在记录间移动或快速切换的按钮。

2. 数据表视图。窗体对象的数据表视图和普通表对象的数据表视图几乎完全相同，此种视图采用行与列构成的二维表格方式来显示窗体数据源中的记录。这种视图便于编辑、添加、修改、查找、删除数据。对于没有数据源的窗体，这种数据表视图没有实际意义。

3. 布局视图。布局视图是 Access 2010 新增的一种视图，是用于修改窗体的最直观的视图，可用于在 Access 中对窗体进行几乎所有需要进行的更改。在布局视图中，可以根据实际数据调整列宽，还可以在窗体上放置新的字段，并设置窗体及其控件的属性，调整控件的位置和宽度。切换到布局视图后，可以看到窗体的控件四周被虚线围住，表示这些控件可以调整位置和大小。

4. 设计视图。设计视图是用来创建和设计窗体的视图。开发者可以在设计视图中为窗体指定数据源，利用"工具箱"向窗体中添加各种控件，为控件对象设置或修改各种属性，还可以调整窗体的版面布局、设置数据源与相应控件的绑定等。只有在设计视图中可以看到窗体中的各个"节"。

5. 数据透视表视图。数据透视表视图以表格模式动态地显示数据统计结果。通过排列筛选行、列和明细等区域中的字段，可以查看明细数据或汇总数据。数据透视表视图用于浏览和设计数据透视表类型的窗体，数据透视表类型的窗体只能在数据透视表视图中打开。

6. 数据透视图视图。数据透视图视图以图形模式动态地显示数据统计结果。通过选择一种图标类型并排列筛选序列、类别和数据区域中的字段，可以直观地显示数据。数据透视图视图类型的窗体只能在数据透视图视图中打开。

任务二 自动创建窗体

一、自动创建窗体

【实例5-1】使用"自动创建窗体"的方法，以"课程信息"表为数据源，创建"课程信息窗体"。

操作步骤：

1. 打开"教学管理系统"数据库，单击"表"对象下的"课程信息"表。

2. 单击"创建"菜单下的"窗体"命令，即创建了如图5-8所示的窗体。用这种方式创建的窗体默认以"布局视图"的方式显示。

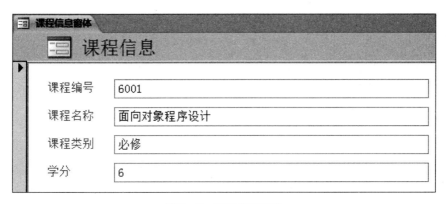

图5-8 课程信息窗体

3. 单击"保存"命令，将窗体保存为"课程信息窗体"。

二、通过创建"空白窗体"来建立窗体

【**实例 5 –2**】采用创建"空白窗体"的方法，以"学生成绩"表为数据源，创建"学生成绩窗体"。

操作步骤：

1. 打开"教学管理系统"数据库，选择"窗体"对象。

2. 单击"创建"菜单下的"空白窗体"命令，出现如图 5 –9 所示的对话框。

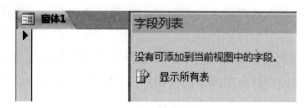

图 5 –9　"空白窗体"创建步骤一

3. 单击"字段列表"下的"显示所有表"超链接，"字段列表"框中显示本数据库中所有的表，且每个表前都有"＋"号，单击"学生成绩"表前的"＋"号，则出现该表的所有字段，如图 5 –10 所示。

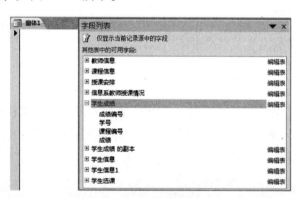

图 5 –10　选择数据源表

4. 依次双击"学生成绩"表中的所有字段，即可完成窗体创建，如图 5 –11 所示。

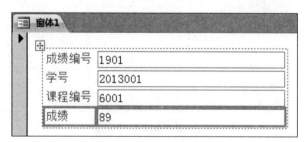

图 5 –11　学生成绩窗体

5. 单击"保存"命令，将窗体保存为"学生成绩窗体"。

任务三 使用向导创建窗体

使用"窗体向导"可以创建一个基于表或查询的窗体，也可以创建基于多个表或查询的窗体。

【**实例5-3**】以"学生信息"表为数据源，使用窗体向导创建"学生信息"窗体。

操作步骤：

1. 打开"教学管理系统"数据库，选择"窗体"对象。

2. 单击"创建"菜单下的"窗体向导"命令，出现选择数据源及字段对话框，在此选择"学生信息"表中的所有字段，如图5-12所示。

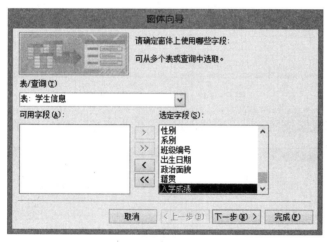

图5-12 选择数据源及字段对话框

3. 单击"下一步"按钮，出现选择窗体布局对话框，在此选择"纵栏表"，如图5-13所示。

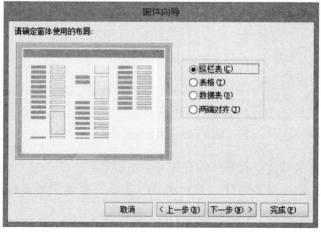

图5-13 选择窗体布局对话框

4. 单击"下一步"按钮，出现指定窗体标题对话框，在此输入窗体标题"学生信息"，如图 5 – 14 所示。

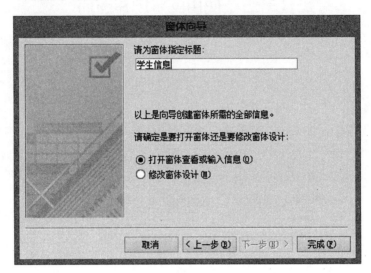

图 5 – 14　指定窗体标题对话框

5. 单击"完成"按钮，可以看到创建了"学生信息"窗体，如图 5 – 15 所示。

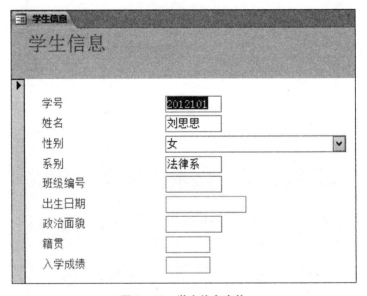

图 5 – 15　学生信息窗体

6. 单击"保存"命令，把窗体保存为"学生信息"。

【**实例 5 – 4**】使用向导创建"学生选课"窗体，窗体上显示的字段为"学号"、"姓名"、"课程编号"和"课程名称"四个字段。

操作步骤：

1. 打开"教学管理系统"数据库，选择"窗体"对象。

2. 单击"创建"菜单下的"窗体向导"命令，出现选择数据源及字段对话框，在此选择"学生成绩"表的"学号"字段、"学生信息"表的"姓名"字段以及"课程信息"表的"课程编号"和"课程名称"两个字段，如图 5-16 所示。

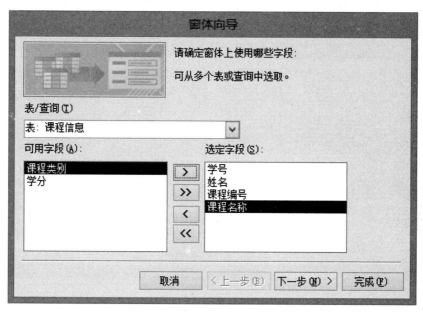

图 5-16 选择字段对话框

3. 单击"下一步"按钮，出现确定查看数据方式对话框，在此选择"通过学生成绩"项，如图 5-17 所示。

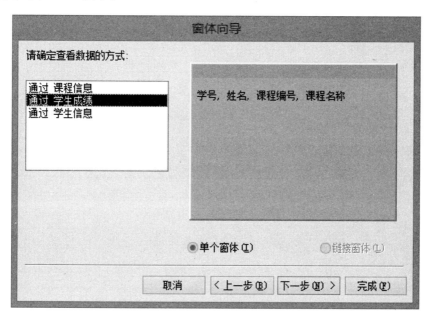

图 5-17 确定查看数据方式对话框

4. 单击"下一步"按钮，出现确定窗体布局对话框，在此选择"表格"布局，如图 5 – 18 所示。

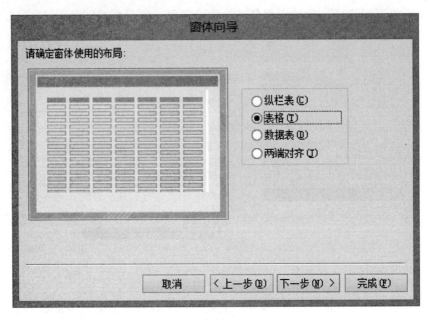

图 5 – 18　确定窗体布局对话框

5. 单击"下一步"按钮，出现指定窗体标题对话框，在此输入窗体标题"学生选课情况"，如图 5 – 19 所示。

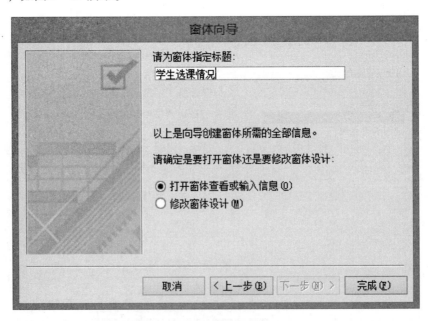

图 5 – 19　指定窗体标题对话框

6. 单击"完成"按钮，可以看到"学生选课情况"窗体内容，图 5 – 20 为截取的部分窗体内容。

图 5 – 20 　"学生选课情况"窗体

任务四　使用设计视图创建窗体

Access 提供了多种创建窗体的方式，可以利用"自动创建窗体"方式快速地创建简单的窗体，也可以使用"窗体向导"创建窗体，还可以使用设计视图来创建基本窗体并对其进行自定义，也可以修改用自动创建窗体或窗体向导创建的窗体，使之更加完善。

一、设计视图的组成

一个完整的窗体由窗体页眉、页面页眉、主体、页面页脚和窗体页脚共 5 个部分组成，每个部分称为一个"节"，每个节都有特定的用途，并且按窗体中预见的顺序打印。主体节是必不可少的，其他的节根据需要可以显示或者隐藏。图 5 – 21 所示为包含了 5 个节的窗体设计视图。

图 5 – 21 　包含 5 个节的窗体设计视图

窗体设计视图中5个节的说明如下：

1. 窗体页眉：位于窗体设计视图的顶部，通常用来显示窗体的标题和说明文字信息等。窗体页眉始终显示相同的内容，不随记录的变化而变化，打印时则只在第一页出现一次。

2. 页面页眉：设置窗体打印时的页眉信息，打印时出现在每页的顶部。它只出现在设计窗口及打印后，不会显示在窗体视图中，即窗体运行时不显示。

3. 主体：是窗体最重要的区域，每个窗体都必须有一个主体节。主体节通常包含大多数控件，用来显示一条或多条记录的具体内容。

4. 页面页脚：设置窗体打印时的页脚信息，只有在设计窗口及打印后才会出现，并打印在每页的底部。通常，页面页脚用来显示日期及页码。

5. 窗体页脚：位于窗体的底部，通常用来放置各种汇总信息，也可以放置命令按钮和一些说明信息。该区域显示的内容也是静态的，不会随窗体内的主要内容滚动。

二、"设计"工具栏

窗体设计工具栏随着进入窗体的设计视图而出现，它集成了窗体设计中一些常用的工具。工具栏上常用的按钮功能如表5-1所示。

表5-1　窗体设计视图设计工具

按钮	名　称	功　能
	视图	单击按钮可在不同视图中切换
	主题	更改数据库的总体设计，包括颜色和字体
	工具箱	通过工具箱可以向窗体添加各种控件
	插入图像	可以在窗体中插入图像
	属性表	打开/关闭窗体、控件属性对话框，可设置所选对象的属性
	查看代码	进入 VBA 窗口，显示当前窗体的代码

三、工具箱

工具箱是设计窗体最重要的工具，通过工具箱可以向窗体添加各种控件，能够绑定控件和对象来构造窗体。控件是窗体中的对象，主要用于在窗体或报表中显示数据、输入数据、执行某项操作等。

　　一般情况下，在打开窗体设计视图时，会同时出现窗体设计工具箱，其中包含了各种可用的窗体控件，如图 5 - 22 所示。单击某个控件按钮，然后在窗体的合适位置单击鼠标，可以将该控件放在窗体上。

图 5 - 22　工具箱

工具箱中各控件名称及功能如表 5 - 2 所示。

表 5 - 2　工具箱中控件名称及功能

控件	名　称	功　能
↖	选取对象	选取控件、节或窗体，单击该控件可以释放锁定的工具箱控件
ab	文本框	显示、输入或编辑窗体的基础记录源数据，显示计算结果，或接受用户输入的数据
Aa	标签	显示文字，如窗体标题、指示文字等
xxxx	按钮	可以实现记录导航、记录操作、窗体操作、报表操作、运行或退出相关应用程序
📁	选项卡	创建一个多页的选项卡控件，在选项卡上可以添加其他控件
🔗	超链接	创建超链接对象，通过该对象可以跳转到目的对象
🖥	Web 浏览器	在窗体中添加浏览器控件
▭	导航	在窗体中添加导航条
XYZ	选项组	与复选框、选项按钮或切换按钮搭配使用，显示一组可选值
▤	分页符	在窗体上开始一个新的屏幕，或在打印窗体上开始一个新页

控件	名　称	功　能
	组合框	该控件结合了文本框和列表框的特性，既可在文本框中直接输入文字，也可在列表框中选择输入的文字，其值会保存在定义的字段变量或内存变量中
	图表	可以向窗体中添加图表对象，把该控件放在窗体上可激活图表向导，以帮助用户设计图表
	直线	用于绘制一条直线，可突出相关的或特别重要的信息
	切换按钮	常作为"是/否"字段使用控件，接收用户"是/否"型的选择值，或选项组的一部分
	列表框	显示可滚动的数值列表，在"窗体视图"中，可以从列表中选择某一值作为输入数据，或者使用列表提供的某一值更改现有的数据，但不可输入列表外的数据值
	矩形	显示一个矩形框，可添加图形效果，将一些组件框在一起
	复选框	可以建立一个复选按钮，可以放在选项组中。该按钮可以从多个值中选择一个，也可以选择多个，甚至可以不选。
	未绑定对象框	没有与数据源联系起来的控件。当记录改变时，该对象不会改变
	附件	在窗体中添加附件控件
	选项按钮	使用该工具可以建立一个单选按钮，用户可以把它放在选项组中使用。该按钮只能从多个值中选择一个
	子窗体/子报表	添加一个子窗体或子报表，可用来显示多个表中的数据
	绑定对象框	与对应的数据源（例如表或查询中的某个字段）联系起来的控件，当该控件的值发生变化时，对应数据源的数据将随之变化；反之，当对应数据源中的数据发生变化时，窗体中该控件显示的值也将随之变化
	图像	在窗体中显示静态图片，不能在 Access 中进行编辑

四、窗体和控件的"属性"对话框

添加到窗体中的每一个控件对象，以及窗体对象本身都具有各自的一系列属性，包括它们所处的位置、大小、外观、所要表示的数据来源等。在用设计视图创建窗体时，所有对象的各种属性都可以在对应的"属性"对话框中进行设置和修改。

在设计视图中，单击"设计"工具栏上的"属性表"命令，可以打开如图 5 – 23 所示的窗体"属性表"对话框。在设计视图中创建窗体的部分工作是在这个"属性表"对话框中完成的。

图 5 – 23　窗体"属性表"对话框

窗体"属性表"对话框中有 5 个选项卡，其具体含义如下：

1. "格式"选项卡：用来显示和设置所选对象的布局与外观属性。

2. "数据"选项卡：用来显示和设置所选对象与数据源、数据操作相关的属性。

3. "事件"选项卡：用来显示和设置所选对象的方法程序与事件过程。

4. "其他"选项卡：用来显示和设置与窗体相关的工具栏、菜单、帮助信息等属性。

5. "全部"选项卡：用来显示和设置所选对象的全部属性。

常用属性的含义：

1. 记录源：设置窗体的记录源，也就是绑定的数据表或查询。

2. 标题：设置在窗体视图中标题栏上显示的文本。缺省名为"窗体 1"、"窗体 2"……

3. 默认视图：设置打开窗体时所用的视图。

4. 允许添加、允许删除、允许编辑：可以指定用户是否可在使用窗体时编辑已保存的记录。

5. 记录选择器：设置在窗体视图中是否显示"记录选择器"。

6. 导航按钮：设置在窗体视图中是否显示导航按钮和记录编号框。记录编号框显示当前记录的编号。记录的总数显示在导航按钮旁边。在记录编号框中键入数字，则可以移到指定的记录。

7. 分隔线：决定在窗体的节之间是否显示分隔线。

图 5 – 24 所示为文本框的"属性表"，下面以文本框为例，介绍常用控件的属性。

图 5 – 24 文本框的"属性表"

1. 名称：每个控件都有一个唯一的名称。对于未绑定控件，默认名称是控件的类型加上一个唯一的整数，例如，文本框的默认名称为"Text1"、"Text2"……对于绑定控件，默认名称是数据源中绑定字段的名称。

2. 控件来源：指定在控件中显示的数据。可以显示和编辑绑定到表、查询或 SQL语句中的数据，还可以显示表达式的结果。

3. 格式：自定义数字、日期、时间和文本的显示方式。

4. 可见：显示或隐藏控件。

5. 宽度、高度：可调整对象的大小为指定的尺寸。

6. 左边距、上边距：指定控件在窗体中的位置。

五、控件的类型

一些控件直接连接到数据源，可用来立即显示、输入或更改数据源；另一些控件则使用数据源，但不会影响数据源；还有一些控件完全不依赖于数据源。根据控件和数据源之间这些可能存在的关系，可以将控件分为以下三种类型：

1. 绑定型控件：这种控件与数据源直接连接，它们将数据直接输入数据库或直接显示数据库的数据，可以直接更改数据源中的数据或在数据源中的数据更改后直接显示变化。

2. 未绑定型控件：控件与数据源无关。当给控件输入数据时，窗体可以保留数据，但不会更新数据源，主要用于显示信息、线条、矩形或图像，执行操作，美化界面等。

3. 计算型控件：使用表达式作为自己的数据源。表达式可以使用窗体或报表的基础表或基础查询中的字段数据，也可以使用窗体或报表上其他控件的数据。可使用数据库数据执行计算，但是它们不更改数据库中的数据。计算型控件是特殊的非绑定控件。

【实例 5 – 5】在"教学管理系统"数据库中，使用设计视图创建一个名称为"浏览学生信息"的窗体，用于显示"学生信息"表中的数据。

操作步骤：

1. 打开"教学管理系统"数据库，选择"窗体"对象。

2. 单击"创建"菜单下的"窗体设计"命令，出现如图 5 – 25 所示的空白窗体主体和字段列表对话框。

图 5 – 25　空白窗体主体和字段列表对话框

3. 单击"字段列表"对话框中的"显示所有表"超链接，接着单击"学生信息"表左边的"＋"号，列表中显示"学生信息"表的所有字段，如图 5 – 26 所示。

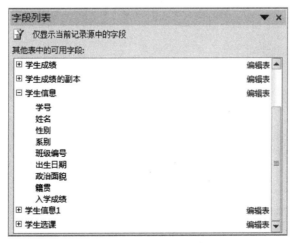

图 5 – 26　数据源表及其字段

4. 依次选取"学生信息"表中的字段,并拖放到窗体主体的合适位置,如图 5 - 27 所示。

图 5 - 27　字段拖放到窗体主体

5. 单击工具箱上的"标签"控件,在窗体主体的最上面划出一块标签区域,输入窗体标题"浏览学生信息",并设置字号为"18",字体颜色为红色。切换到"窗体视图",可以看到完成后的窗体如图 5 - 28 所示。

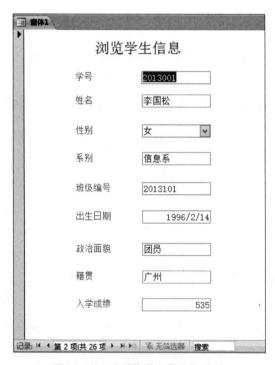

图 5 - 28　"浏览学生信息"窗体

6. 双击"窗体选定器"按钮"■"（水平标尺和垂直标尺交界位置的小方块），弹出窗体"属性表"，将窗体的"记录选择器"和"分隔线"两个属性设置为"否"，如图 5 - 29 所示。

图 5 - 29　窗体属性设置

7. 单击"保存"命令，把窗体保存为"浏览学生信息"。

任务五　使用窗体控件

一、按钮控件

一般来说，为了减少工作量，可以使用向导来创建命令按钮。

【**实例 5 - 6**】以"学生选课成绩"查询为数据源，创建"学生课程成绩"窗体，用以查看学生所选课程及成绩。并在该窗体的主体节上添加 4 个导航按钮，运行时单击各按钮可以实现导航到第一条记录、上一条记录、下一条记录和最后一条记录。再添加两个用于记录操作的按钮，分别实现添加纪录和保存记录的功能。

操作步骤：

1. 打开"教学管理系统"数据库，选择"窗体"对象。

2. 单击"创建"菜单下的"窗体设计"命令，接着单击工具栏上的"属性表"命令，单击"数据"选项卡，选择"学生选课成绩查询"作为数据源，如图 5 - 30 所示。

图 5 - 30　选择数据源

3. 关闭"属性表"对话框，单击工具栏上的"添加现有字段"命令，出现如图 5 - 31 所示的字段列表。

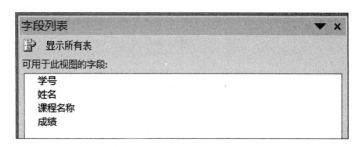

图 5 - 31　数据源的字段列表

4. 同时选中所有字段，拖放到窗体主体的合适位置。在窗体上添加一个标签，内容为"学生选课成绩"，设置字体为"华文新魏"，字号 20，颜色为"红色"。在标签下添加一条直线，设置颜色为"蓝色"，切换到"窗体视图"，如图 5 - 32 所示。

图 5 - 32　窗体视图

5. 单击工具箱的"$\boxed{\text{xxxx}}$"控件，在窗体的合适位置单击鼠标，弹出"选择按钮执行的操作"对话框，在此选择类别为"记录导航"，操作为"转至第一项记录"，如图5-33所示。

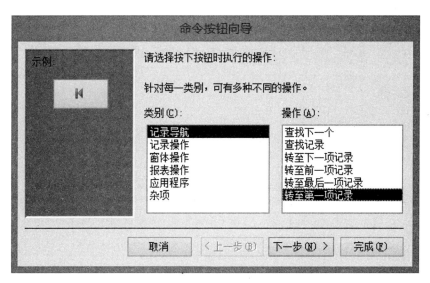

图5-33 "选择按钮执行的操作"对话框

6. 单击"下一步"按钮，出现"确定按钮显示内容"对话框，在此选择"文本"，并输入要在按钮上显示的文本。如果选择"图片"，可以在列表中选择一种图片。如图5-34所示。

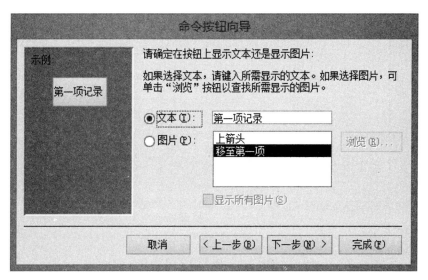

图5-34 "确定按钮显示内容"对话框

7. 单击"下一步"按钮，出现"指定按钮名称"对话框，在此输入"第一项"作为按钮名称。如图5-35所示。

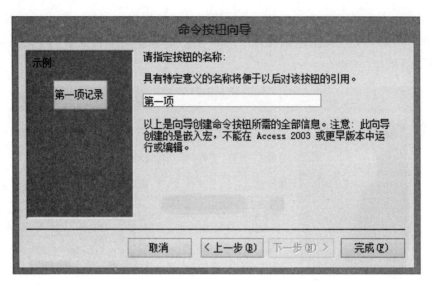

图 5 - 35   "指定按钮名称"对话框

8. 单击"完成"按钮完成第一个导航按钮的创建。其他三个导航按钮的创建与此类似，不同的是其操作分别是"转至前一项记录"、"转至下一项记录"和"转至最后一项记录"，名称分别为"前一项"、"下一项"和"最后一项"。完成后可看到如图 5 - 36 所示的窗体。

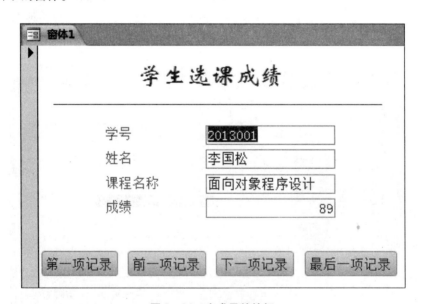

图 5 - 36   完成导航按钮

9. 单击工具箱的"▩▩▩"控件，在窗体的合适位置单击鼠标，弹出"选择按钮执行的操作"对话框，在此选择类别为"记录操作"，操作为"添加新记录"，如图 5 - 37 所示。

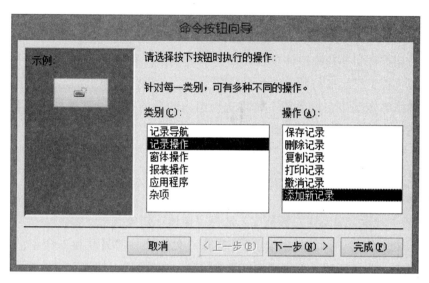

图 5 - 37 选择记录操作的动作

10. 单击"下一步"按钮，出现前图 5 - 34 所示的对话框，在此选择"文本"，保留默认的文本"添加记录"。

11. 单击"下一步"按钮，进入"指定按钮名称"对话框，在此输入名称为"添加记录"。

12. 单击"完成"按钮完成"添加记录"按钮的创建。按照同样的方法创建"保存记录"按钮。切换到"窗体视图"，看到完成的窗体如图 5 - 38 所示。

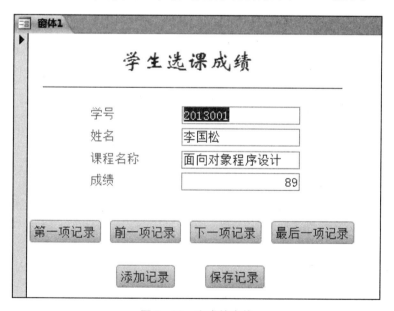

图 5 - 38 完成的窗体

13. 回到设计视图，单击"保存"命令，把窗体保存为"学生课程成绩"。

二、选项组控件、选项按钮控件和复选框控件

选项按钮控件和复选框控件单独使用的情况很少，通常使用选项组控件将多个选项按钮或复选框组织起来与数据源中的字段绑定。如果将选项组绑定到某字段，只是将选项组本身绑定到该字段，而不是将选项组内的选项按钮或复选框绑定到该字段，且选项组的值只能是数字而不是文本。

【实例5-7】在【实例5-5】的"浏览学生信息"窗体的基础上，使用控件向导创建一个选项组控件，用于显示学生的政治面貌。

操作步骤：

1. 打开"教学管理系统"数据库，选择"窗体"对象。

2. 双击打开窗体"浏览学生信息"，单击"文件"→"另存为"命令，弹出"另存为"对话框，将该窗体另存为"浏览学生信息—选项组"，如图5-39所示。

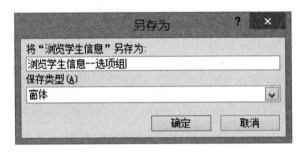

图5-39　"另存为"对话框

3. 在设计视图下打开"浏览学生信息—选项组"窗体。

4. 单击工具箱中的选项组按钮，在窗体上合适的位置单击，弹出"选项组向导"对话框，在"标签名称"下输入"党员"、"团员"，如图5-40所示。

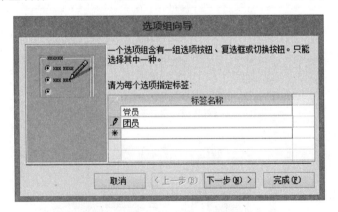

图5-40　为选项组中的每个选项指定标签

5. 单击"下一步"按钮，打开向导的第二个对话框，确定是否要指定某个选项为默认值，在此选择"否，不需要默认选项"，如图5-41所示。

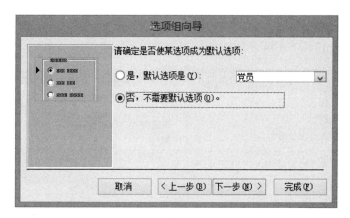

图 5 – 41　确定是否需要默认选项

6. 单击"下一步"按钮，打开向导的第三个对话框，设定选项组中各个选项的值，在此设置"党员"的值为"1"，"团员"的值为"2"，如图 5 – 42 所示。

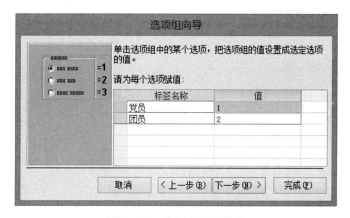

图 5 – 42　为每个选项赋值

7. 单击"下一步"按钮，打开向导的第四个对话框，在"确定对所选项的值采取的动作"中的"在此字段中保存该值"选择"政治面貌"，如图 5 – 43 所示。

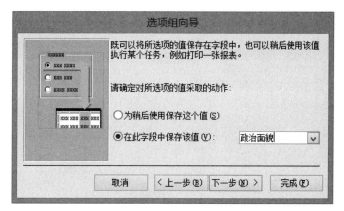

图 5 – 43　确定对所选项的值采取的动作

8. 单击"下一步"按钮，打开向导的第五个对话框，确定在选项组中使用控件的类型及样式，在此按图 5 – 44 所示进行选择。

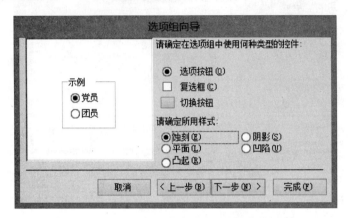

图 5 – 44　确定在选项组中使用控件的类型及样式

9. 单击"下一步"按钮，打开向导的最后一个对话框，为选项组指定标题为"政治面貌"，如图 5 – 45 所示。

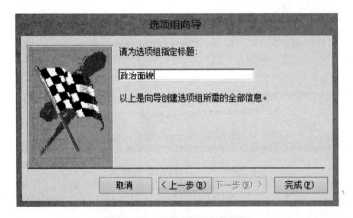

图 5 – 45　为选项组指定标题

10. 单击"完成"按钮，切换到窗体视图，可以看到完成的窗体如图 5 – 46 所示。

图 5 – 46　窗体视图中的选项组

三、列表框控件

列表框控件可以将数据以列表项的方式呈现，用户可以不输入信息而直接从列表框中选择列表项，减少用户输入的工作量。列表框控件包含一个列表和一个附加标签，列表中给出一些可以选择的列表项，而附加的标签说明列表中的列表项。

【实例 5-8】根据"教师信息"表创建"教师信息—列表框"窗体，在窗体中创建一个绑定到"职称"字段的列表框。

操作步骤：

1. 打开"教学管理系统"数据库，选择"窗体"对象。

2. 单击"创建"菜单下的"窗体设计"命令，接着单击工具栏上的"属性表"命令，添加"教师信息"表为数据源，并把"教师信息"表中的所有字段拖放到窗体的合适位置。

3. 在窗体上添加一个标签，并在标签中输入"教师基本信息"，设置字体为"华文楷体"，字号 20。

4. 删除窗体中绑定"职称"字段的文本框，切换到窗体视图，如图 5-47 所示。

图 5-47　窗体初步设计

5. 单击工具箱中的列表框按钮，在窗体中要放置列表框的位置单击，打开列表框向导的第一个对话框，在此选择"自行键入所需的值"，如图 5-48 所示。

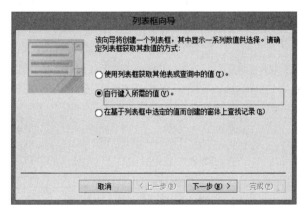

图 5-48　确定列表框获取数值的方式

6. 单击"下一步"按钮，打开向导的第二个对话框，在第一列下面输入所需要的列表值，如图 5 – 49 所示。

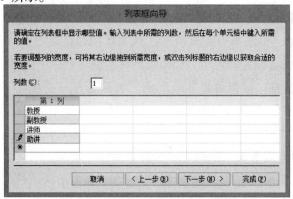

图 5 – 49　输入列表框中的选项值

7. 单击"下一步"按钮，打开向导的第三个对话框，在此选择"将该数值保存在这个字段中"选项，并单击组合框的下拉箭头，从中选择"职称"字段，如图 5 – 50 所示。

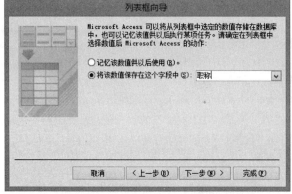

图 5 – 50　选择保存列表框中数值的字段

8. 单击"下一步"按钮，打开向导的最后一个对话框，为列表框指定标签为"职称"，如图 5 – 51 所示。

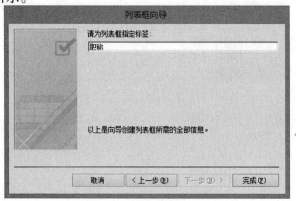

图 5 – 51　为列表框指定标签

9. 单击"完成"按钮，完成列表框的创建。

10. 切换到窗体视图，可以看到完成的窗体如图 5 – 52 所示。

图 5 – 52 "教师信息—列表框"窗体

11. 单击"保存"命令，把窗体保存为"教师信息—列表框"。

四、组合框控件

组合框是一种兼具文本框和列表框控件特性的控件，它既可以输入新值，也可以从列表框中选择值。与列表框相比，组合框控件更加节省窗体空间，适合在窗体不大的情况下使用。

关于何时使用列表框或组合框控件，需要考虑以下三点：

1. 窗体空间大小。每个控件都放置在窗体上，窗体可用空间的多少决定了该使用哪种控件，在空间剩余不多的情况下使用组合框更好。

2. 记录条数。列表框由于大小固定，显示数据时不需要额外地打开操作，因而显示速度比组合框快，若需要选择的记录较少时，建议使用列表框。

3. 新建记录的需要。列表框控件不允许用户输入数据，因而若有新的记录需要创建，则只能使用组合框。

【**实例 5 – 9**】修改【实例 5 – 8】的窗体，在不使用控件向导的情况下创建一个绑定到"学历"字段的组合框，用于显示教师的学历，窗体命名为"教师信息—组合框"。

操作步骤：

1. 打开"教学管理系统"数据库，选择"窗体"对象。

2. 把"教师信息—列表框"窗体另存为"教师信息—组合框"窗体。

3. 在设计视图下打开窗体"教师信息—组合框"，单击工具箱中的组合框按钮，在窗体中要放置组合框的位置单击，打开组合框向导，单击"取消"按钮取消向导设置。

4. 右键单击该组合框，从弹出的快捷菜单中选择"属性"命令，打开组合框的"属性表"对话框，单击"数据"选项卡，设置组合框的属性如下：

（1）在"控件来源"属性框中选择"学历"字段。

（2）在"行来源类型"属性框中选择"表/查询"。

（3）在"行来源"属性框中单击右侧的"生成器"按钮"**…**"，打开"教师信息—组合框：查询生成器"对话框，在出现的"显示表"对话框中添加"教师信息"表，然后在设计网格中添加"学历"字段。回到"教师信息—组合框"窗体的设计视图，可以看到生成的 SQL 语句为"SELECT 教师信息 . 学历 FROM 教师信息；"。如图5－53 所示。

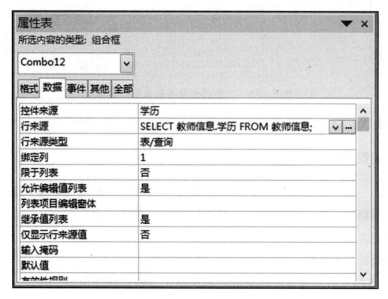

图5－53 设置组合框属性

5. 切换到窗体视图，可以看到完成的窗体如图 5－54 所示。

图5－54 窗体视图中的组合框

6. 单击"保存"按钮保存窗体。

五、子窗体控件

子窗体是窗体中的窗体，基本窗体称为主窗体，窗体中的窗体称为子窗体。在显示一对多关系的表或查询中的数据时，子窗体可以显示一对多中的"多"。如果两个表中存在一对多的关系，主窗体以"一"端的表作为记录源，子窗体则以"多"端的表作为记录源。当主窗体的内容发生变化时，子窗体的内容也会发生变化，显示与当前主窗体记录相关的记录。

【实例5－10】以"学生信息"表和"学生选课成绩"查询为数据源，创建带子窗体的窗体，用于显示学生的选课及成绩，并计算每个学生的平均成绩。完成的窗体如图5－55所示。

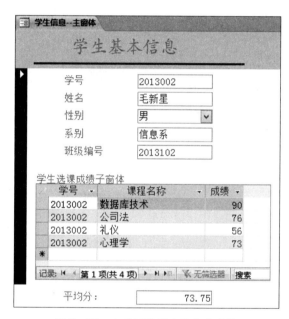

图5－55　完成了的子窗体和主窗体

操作步骤：

1. 打开"教学管理系统"数据库，选择"窗体"对象。

2. 以"学生信息"表为数据源，将"学号"、"姓名"、"性别"、"系别"和"班级编号"5个字段拖放到窗体中的合适位置，单击"保存"命令将窗体保存为"学生信息—主窗体"。

3. 右键单击窗体主体的空白位置，在弹出的快捷菜单中选择"窗体页眉/页脚"命令，然后在新增的"窗体页眉"节中添加一个标签控件，在标签中输入文字"学生基本信息"，设置字体为"华文楷体"，字号为20。在标签文字下面画一条水平直线，并通过直线"属性表"中的"边框宽度"属性调整直线的粗细，窗体视图如图5－56所示。

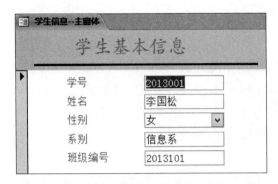

图 5 - 56 窗体视图下的"学生信息—主窗体"

4. 打开"学生信息—主窗体"窗体的设计视图，单击工具箱中的"子窗体"控件，在窗体主体的合适位置单击，在弹出的"子窗体向导"的第一个对话框中选择"使用现有的表和查询"选项，如图 5 - 57 所示。

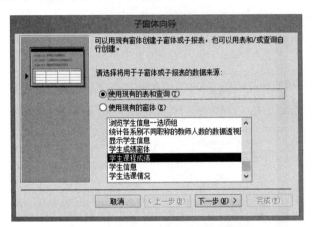

图 5 - 57 选择用于子窗体的数据来源

5. 单击"下一步"按钮，弹出向导的第二个对话框，在此选择查询"学生选课成绩"，并选定"学号"、"课程名称"和"成绩" 3 个字段，如图 5 - 58 所示。

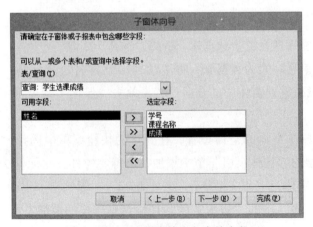

图 5 - 58 确定子窗体中包含的字段

6. 单击"下一步"按钮，弹出向导的第三个对话框，选中"从列表中选择"项，并在列表中选定"对学生信息中的每个记录用学号显示学生成绩"，如图 5-59 所示。

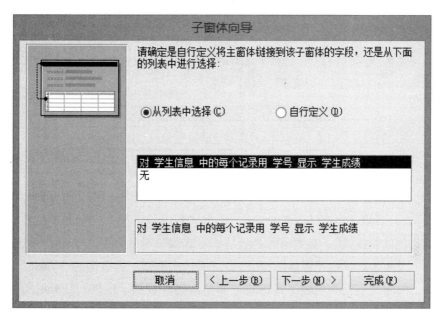

图 5-59　确定主窗体链接到子窗体的字段

7. 单击"下一步"按钮，弹出向导的最后一个对话框，在此输入子窗体的名称"学生选课成绩子窗体"，如图 5-60 所示。

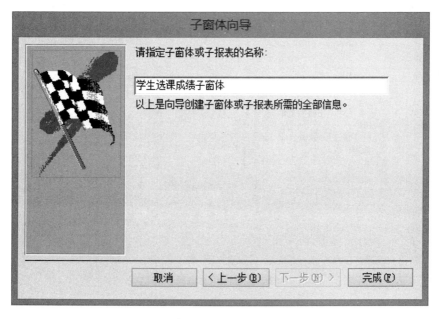

图 5-60　为子窗体指定名称

8. 单击"完成"按钮。将窗体"属性表"中的属性"记录选择器"、"导航按钮"和"分隔线"均设置为"否"。调整窗体中各控件的位置。

9. 在子窗体的主体部分右键单击，在弹出的快捷菜单中选择"窗体页眉/页脚"命令，将子窗体的窗体页眉缩至最小，再将滚动条向下至子窗体的窗体页脚。单击工具箱中的"文本框"按钮，在子窗体页脚的合适位置放置一个文本框。在文本框中输入公式"=Avg（[成绩]）"，如图5-61所示。

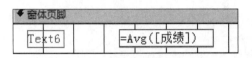

图5-61 子窗体中的文本框

10. 返回主窗体，在主窗体的窗体页脚上添加一个文本框，在文本框的标签处输入"平均分:"，打开该文本框的"属性表"，单击"数据"选项卡，单击"控件来源"属性右边的"生成器按钮"，在弹出的"表达式生成器"对话框中，单击"表达式元素"列表框的"学生选课成绩子窗体"，再双击"表达式类别"列表框的"Text6"，则看到该对话框上面的列表框中生成了表达式"[学生选课成绩子窗体].Form![Text6]"，如图5-62所示。

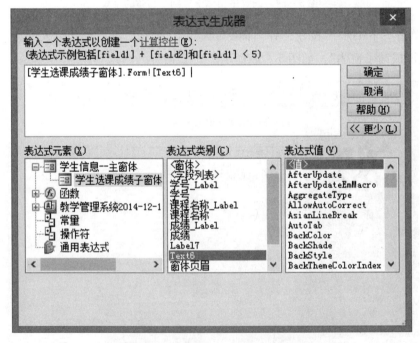

图5-62 主窗体中文本框的表达式

11. 单击"确定"关闭"表达式生成器"对话框。看到主窗体中文本框的"属性表"，如图5-63所示。

图 5 - 63　文本框的"控件来源"生成了表达式

12. 单击"保存"命令，切换到窗体视图，可以看到完成的窗体如前图 5 - 55 所示。

【提示】在子窗体创建的计算型文本框，不能在主窗体中显示计算结果。要在主窗体中显示计算结果，需要在主窗体中添加文本框，使该文本框与子窗体中计算型文本框相链接。

【实例 5 - 11】创建一个"主界面"窗体，实现通过命令按钮打开窗体或报表操作。

操作步骤：

1. 打开"教学管理系统"数据库，选择"窗体"对象。

2. 单击"创建"工具栏上的"窗体设计"，打开一个空白窗体的设计视图。

3. 在窗体中添加一个标签控件，输入内容"教学管理系统"，并设置合适的字形、字号及字体颜色。

4. 单击工具箱中的按钮控件，在窗体上的合适位置单击，弹出命令按钮向导的第一个对话框，在此选择类别"窗体操作"，操作选"打开窗体"，如图 5 - 64 所示。

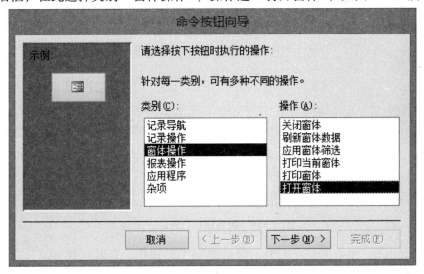

图 5 - 64　选择按钮执行的操作

5. 单击"下一步"按钮，打开向导的第二个对话框，在此选择"教师信息—组合框"窗体，如图 5 - 65 所示。

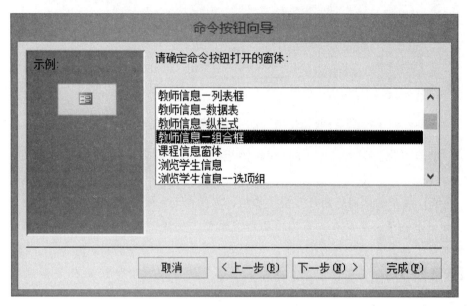

图 5 - 65　确定命令按钮打开的窗体

6. 单击"下一步"按钮，打开向导的第三个对话框，在此选择"打开窗体并显示所有记录"，如图 5 - 66 所示。

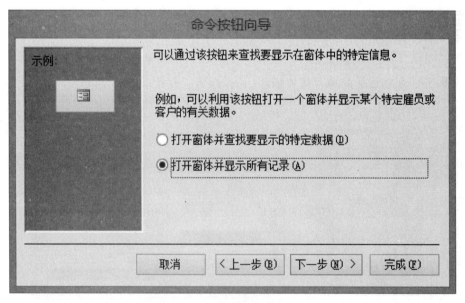

图 5 - 66　确定窗体打开的方式

7. 单击"下一步"按钮，打开向导的第四个对话框，在此选择"文本"，并在文本框中输入"教师基本信息"，如图 5 - 67 所示。

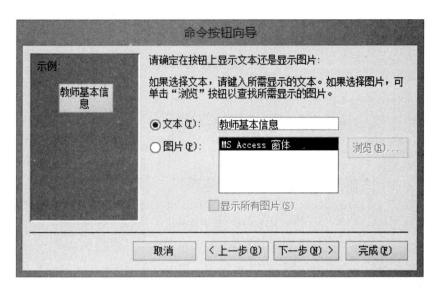

图 5 - 67 确定按钮上显示的文本

8. 单击"下一步"按钮，打开向导的第五个对话框，在此输入按钮名称为"教师基本信息"，如图 5 - 68 所示。

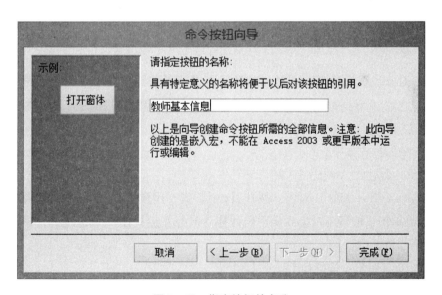

图 5 - 68 指定按钮的名称

9. 单击"完成"按钮，完成第一个命令按钮的操作。

10. 按照以上方法依次添加另外 5 个按钮，并设置该窗体的主题为"都市"，完成后的窗体如图 5 - 69 所示。

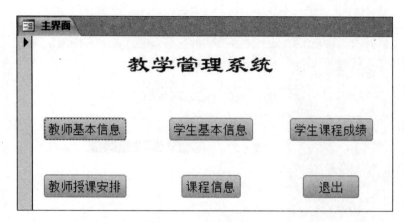

图 5-69　主界面窗体

任务六　调整窗体的格式和布局

在设计窗体的过程中，经常需要对其中的控件进行调整。调整操作包括大小、位置、排列、外观、颜色、字体、特殊效果等，经过调整后可以达到美化控件和美化窗体的效果。

一、选择对象

要调整对象，首先就要选定对象，然后再进行操作。在选中对象后，对象四周出现的 6 个橙色小矩形框称为控制柄，使用控制柄可以调整对象的大小，移动对象的位置。

选定对象的操作如下：

1. 选择一个对象：单击该对象。

2. 选择多个（不相邻）对象：按住【Ctrl】键，用鼠标分别单击每个对象。

3. 选择多个（相邻）对象：从空白处拖动鼠标左键拉出一个虚线框，虚线框所包围的控件全部被选中。

4. 选择所有对象：按【Ctrl】+【A】键。

5. 选择一组对象：在垂直标尺或水平标尺上，按下鼠标左键拖动，这时出现一条竖直线（或水平线），松开鼠标后，直线所经过的控件全部被选中。

二、移动对象

移动对象有两种方法：使用鼠标和键盘。

1. 使用鼠标。选中一个控件，可以移动一个控件；选中一组（几个）控件，则可以同时移动这组控件。

当鼠标放在控件左上角之外的其他地方时，会出现垂直的十字箭头，这时拖动鼠标，可以拖动控件移动。

2. 使用键盘。使用键盘移动控件时，与它相关的附件标签一起移动。选中需要移动的一个或一组控件，按住"【Ctrl】+←/→"键左右移动；按住"【Ctrl】+↑/↓"键上下移动。使用键盘移动可以实现精细的位置调整。

三、调整大小

控件大小的调整可以采用以下两种方法：

1. 用鼠标拖动设置控件大小。将鼠标置于控件的控制柄上，当鼠标变成双箭头时拖动，可以改变控件的大小。当选中多个对象时，拖动则可同时改变多个控件的大小。

2. 使用"属性"设置控件的大小和位置。打开控件的属性表窗口，在"格式"选项卡的"宽度"、"高度"、"左"和"上边距"中，输入具体的属性数值即可。

四、设置对齐方式

当窗体中有多个控件时，控件的排列布局将直接影响窗体的美观效果。使用鼠标拖动或键盘移动来调整控件的对齐是常用方法，但是这种方法不仅效率低，而且难以达到理想的效果。对齐控件最快捷的方法是使用系统提供的"控件对齐方式"命令，其操作步骤如下：

1. 选定需要对齐的多个控件。

2. 在"窗体设计工具/排列"选项卡的"调整大小和排序"组中，单击"对齐"按钮，在打开的列表中，选择一种对齐方式。

五、调整间距

调整多个控件之间水平和垂直间距最简单的方法同样是在"窗体设计工具/排列"选项卡的"调整大小和排序"组中，单击"大小/空格"命令，在打开的列表中，根据需要选择"水平相等"、"水平增加"、"水平减少"、"垂直相等"、"垂直增加"以及"垂直减少"等命令。

任务七　美化窗体

在实际应用中，窗体的美观也能令应用系统变得赏心悦目。窗体美观性的设置包括窗体的背景颜色、图片、控件的背景颜色、字体等。在 Access 2010 中，不仅可以对单个窗体进行单项设置，还可以使用"主题"对整个系统的所有窗体进行美化。

一、应用主题

"主题"是一套统一的设计元素和配色方案，为数据库系统的所有窗体提供了一套完整的格式集合。利用主题，可以非常容易地创建具有专业水准、设计精美、美观时尚的数据库系统。

"窗体设计工具/设计"选项卡的"主题"组包含三个按钮：主题、颜色和字体。Access一共提供了44套主题供用户选择。

【实例5-12】为"教学管理系统"的所有窗体应用主题。

操作步骤：

1. 打开"教学管理系统"数据库。

2. 以设计视图打开窗体"教师基本信息"。

3. 在"窗体设计工具/设计"选项卡的"主题"组中，单击"主题"按钮，打开"主题"列表，在列表中双击合适的主题。

4. 单击"保存"按钮保存设置。

切换到窗体视图，可以看到窗体页眉节的背景颜色发生了变化。

现在打开其他窗体，会发现所有窗体的外观都发生了改变，而且外观的颜色是一致的。

二、设置窗体的格式属性

有时在完成窗体的设计后，窗体的默认格式并不能满足需求，这就需要在窗体的设计视图中，通过设置窗体的格式属性来美化窗体。窗体的格式属性主要包括：默认视图滚动条、记录选择器、导航按钮、分隔线、自动居中以及控制框等。这些格式设置需要在"属性表"对话框中进行设置。

习　题

一、选择题

1. 下面关于窗体的作用叙述错误的是（　　）。

A. 可以直接存储数据

B. 可以接收用户输入的数据或命令

C. 可以构造方便、美观的输入输出界面

D. 可以编辑、显示数据库中的数据

2. 不是窗体控件的是（　　）。

A. 标签　　　　　B. 组合框　　　　　C. 文本框　　　　　D. 表

3. 下列可以作为创建窗体的数据源的是（　　）。

A. 表 　　　　　　　　　　　B. 单表或多表创建的查询

C. SELECT 语句 　　　　　　　D. 以上都是

4. 一个窗体中所包含的窗体称为（　　）。

A. 主窗体 　　　B. 父窗体 　　　C. 控件 　　　　D. 子窗体

5. 窗体是（　　）的接口。

A. 用户和用户 　　　　　　　　B. 数据库和数据库

C. 操作系统和数据库 　　　　　D. 用户和数据库之间

6. 在（　　）窗体中可以随意地安排字段。

A. 纵栏式和表格式 　　　　　　B. 纵栏式和数据表

C. 表格式和数据表 　　　　　　D. 数据表和数据透视表

7. 数据透视表窗体是以表或查询为数据源产生一个分析表而建立的一种窗体，这种分析表的类型是（　　）。

A. Access 　　　B. dBase 　　　C. Word 　　　D. Excel

8. 当窗体中的内容无法在一页中显示时，可以使用（　　）来进行分页。

A. 组合框控件 　　B. 文本框控件 　　C. 选项卡控件 　　D. 选项组控件

9. 下列关于窗体的叙述中，正确的是（　　）。

A. 窗体只能用作数据的输出界面

B. 窗体不可以用来接收用户的输入数据

C. 窗体可被设计成切换面板的形式，以用来打开其他窗体

D. 窗体只能用作数据的输入界面

10. Access 数据库中，若要求在窗体上设置输入的数据是取自某一表或查询中记录的数据，或者取自某固定内容的数据，可以使用的控件是（　　）。

A. 列表框或组合框控件 　　　　B. 选项组控件

C. 文本框控件 　　　　　　　　D. 复选框、切换按钮、选项按钮控件

11. 在 Access 中创建带子窗体的窗体时，必须确定作为主窗体和子窗体的数据源之间存在着（　　）的关系。

A. 一对一 　　　B. 一对多 　　　C. 多对一 　　　D. 多对多

12. 在教师信息输入窗体中，为职称字段提供"教授"、"副教授"、"讲师"等选项供用户直接选择，最合适的控件是（　　）。

A. 标签 　　　B. 复选框 　　　C. 文本框 　　　D. 组合框

13. 下列关于对象"更新前"事件的叙述中，正确的是（　　）。

A. 在控件或记录的数据变化后发生的事件

B. 在控件或记录的数据变化前发生的事件

C. 当窗体或控件接收到焦点时发生的事件

D. 当窗体或控件失去了焦点时发生的事件

14. 下列属性中，属于窗体的"数据"类属性的是（　　　）。

A. 记录源　　　　B. 自动居中　　　　C. 获得焦点　　　　D. 记录选择器

15. 窗体 Caption 属性的作用是（　　　）。

A. 确定窗体的标题　　　　　　　　B. 确定窗体的名称

C. 确定窗体的边界类型　　　　　　D. 确定窗体的字体

二、填空题

1. Access 中的窗体是指_____。

2. Access 的"自动窗体"功能可以制作_____种窗体，包括_____、_____、_____、_____、_____等。

3. Access 的窗体由多个部分组成，每个部分称为一个_____。

4. 窗体中的数据来源主要包括_____和_____。

5. 主窗体只能显示为_____的窗体，子窗体可以显示为数据表窗体，也可以显示为_____窗体。

6. 控件是窗体上用于_____、_____和装饰窗体的对象。

7. 数据透视表窗体允许用户对表格内的数据进行_____。

8. 在 Access 中，创建主、子窗体有两种方法：一是同时创建主窗体和子窗体；二是将_____作为子窗体加入到另一个已有的窗体中。

9. 创建窗体有两种方法：_____方式和_____。

10. 在 Access 数据库中，如果窗体上输入的数据总是取自表或查询中的字段数据，或者取自某固定内容的数据，可以使用_____控件来完成。

三、实训题

1. 创建如图 5-70 所示的窗体，以便在查看教师信息的同时了解该教师的授课情况。

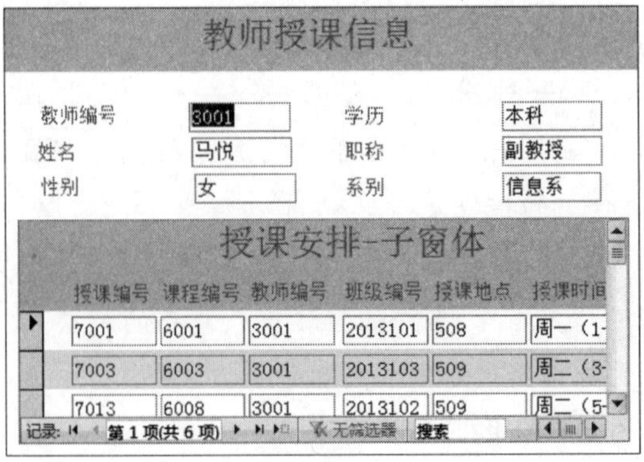

图 5-70　教师授课信息窗体

2. 创建如图 5－71 所示的窗体，用以显示学生的各科成绩。

学生选课成绩

将筛选字段拖至此处

	课程名称			
	动态网页制作	公司法	计算机网络技术	计算机文化基础
学号	成绩	成绩	成绩	成绩
2012101			84	
2013001				88
2013002		76		
2013003				
2013004				
2013005				
2013006		79		
2013008				
2013009				
2013010			76	
2013013	96		68	
2013015			67	

图 5－71　学生选课成绩

项目六

创 建 报 表

 知识能力与目标

◇ 了解报表的功能和组成；

◇ 掌握报表的基本操作；

◇ 掌握采用不同方式创建报表；

◇ 熟练掌握在报表中进行分组和计算。

任务一 报表的基本知识

报表是 Access 2010 数据库的对象之一，其主要作用是比较和汇总数据、显示经过格式化且分组的信息，并将它们打印出来。报表的数据来源与窗体相同，可以是已有的数据表、查询或者是新建的 SQL 语句，但报表只能查看数据，不能通过报表修改或输入数据。

报表是打印数据的最好方式。与直接从表、查询或窗体中打印数据相比，报表打印可以提供更多的控制数据格式的方法，包括对记录进行排序、分组，对数据进行比较、总结和小计，以及控制报表的布局和外观，如定义页面的页眉、页脚及报表的页眉和页脚等。

报表是查阅和打印数据的较好方式，与其他打印数据的方法相比，它具有以下两个优点：第一，报表不仅可以对简单的数据执行浏览和打印功能，还可以对大量原始数据进行比较、汇总和小计。第二，报表可以生成清单、订单及其他所需的输出内容。

报表的功能包括：

1. 可以以格式化形式输出数据，从而使报表更易于阅读和理解。

2. 可以分组组织数据，进行汇总。

3. 可以包含子报表及图表数据来丰富数据显示。

4. 可以生成清单、订单、标签、名片和其他所需要的数据类型。

5. 可以进行计数、求平均值、求和等统计计算。

6. 可以使用剪贴画、图片或者图像来美化报表的外观。

7. 通过页眉和页脚，可以在每页的顶部和底部打印标识信息。

一、报表的类型

根据版式格式的不同，可将报表分为四种类型：纵栏式报表、表格式报表、图表报表和标签报表。

1. 纵栏式报表。也称为窗体报表，一般是在主体区域中以垂直方式显示一条或多条记录。在纵栏式报表中，记录的字段标题和字段数据在每页的主体中一起显示，如图 6－1 所示。

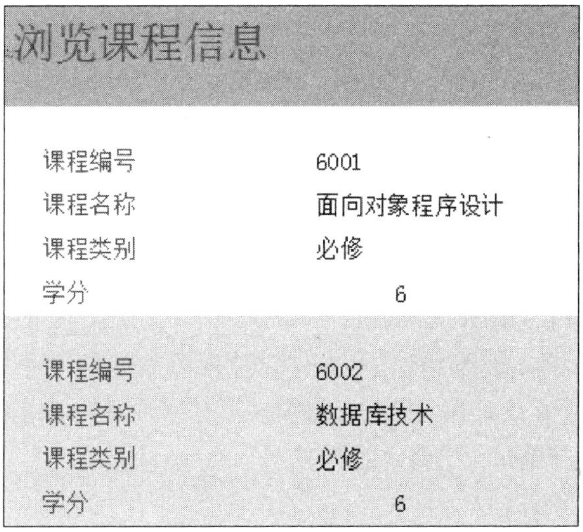

浏览课程信息

课程编号	6001
课程名称	面向对象程序设计
课程类别	必修
学分	6
课程编号	6002
课程名称	数据库技术
课程类别	必修
学分	6

图 6－1　纵栏式报表

2. 表格式报表。表格式报表以整齐的行、列形式来显示记录，通常一行显示一条记录，一页显示多行记录。与纵栏式报表不同，表格式报表记录的字段标题不是安排在每页的主体中显示，而是在页面页眉中显示。还可以在表格式报表中设置分组字段，显示分组统计数据。表格式报表如图 6－2 所示。

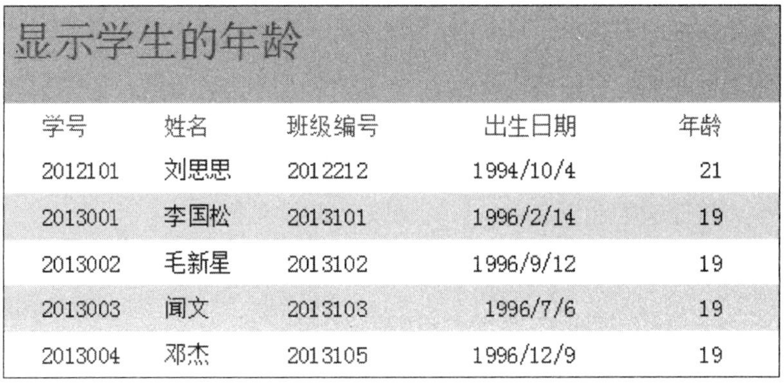

显示学生的年龄

学号	姓名	班级编号	出生日期	年龄
2012101	刘思思	2012212	1994/10/4	21
2013001	李国松	2013101	1996/2/14	19
2013002	毛新星	2013102	1996/9/12	19
2013003	闻文	2013103	1996/7/6	19
2013004	邓杰	2013105	1996/12/9	19

图 6－2　表格式报表

3. 图表报表。图表报表指包含图表显示的报表类型，在报表中使用图表，可以更直观地显示数据之间的关系。

4. 标签报表。标签报表是一种特殊类型的报表，在实际应用中会经常用到各种标签，例如商品标签、客户标签等。

二、报表的视图类型

Access 2010 提供了 4 种视图，分别是报表视图、打印预览视图、布局视图和设计视图。通过单击工具栏上的"视图"按钮可进行切换。

1. 报表视图。报表视图是报表设计完成后，最终被打印的视图。在报表视图中可以对报表中的记录进行筛选、查找，也可以方便地对格式进行设置。

2. 打印预览视图。用于查看报表的页面输出形态。在该视图下可以不同的缩放比例预览报表的版式，也可以浏览报表中的数据。

3. 布局视图。布局视图可以在预览方式下调整报表的设计，可以根据报表数据的实际情况调整列宽、格式，将列重新排列并添加分组级别和汇总等。报表的布局视图和窗体的布局视图的功能和操作方法十分相似。

4. 设计视图。用于创建和编辑报表的结构。用设计视图既可以自行设计报表，也可以修改报表的布局；报表设计视图和窗体设计视图差不多，只是增加了组页眉、组页脚（可以没有）。要在设计视图中打开报表，可在导航窗格中用鼠标右键单击要打开的报表，在弹出的快捷菜单中选择"设计视图"命令。

三、报表的结构

报表包含报表页眉、页面页眉、主体、页面页脚和报表页脚 5 个部分，如果对报表中的记录进行分组，报表还可以包含组页眉和组页脚两个节。在报表的设计视图中，区域被表示成许多可以改变长度和宽度的带状区域。报表中的每个部分只会在设计视图中显示一次，在打印出来的报表中，某些部分可能会重复多次。

1. 报表页眉。报表页眉出现在整个报表的开头处，而且只出现一次。报表页眉显示整个报表的一般性说明文字，以及报表的标题、图标等。如果报表很大，则有必要把报表页眉单独设置成一页来作为封面。

要向报表中添加报表页眉/页脚，可用鼠标右键单击报表设计器的任意一节，在弹出的快捷菜单中选择"报表页眉/页脚"命令。当报表中已经具有报表页眉和页脚时，执行上述命令，将同时删除报表页眉、页脚以及其中的控件。

2. 页面页眉。页面页眉中的文字或控件一般打印在每页的顶端。通常，它是作为群组/合计报表中的列标题，而且可以包含报表的标题。如果要向报表中添加页面页眉/页脚，可以按照前面介绍的方法，用鼠标右键单击报表设计器的任意一节，在弹出的快捷菜单中选择"页面页眉/页脚"命令。

3. 组页眉。组页眉出现在报表每一个分组字段的开始，用于显示该组的标题及相关信息，还可以显示部分分组字段的名称等。如果报表有多个层次的分组，则对应的组页眉也有多个，而且从上到下按分组级别高低依次排序。

4. 主体。打印表或查询中的记录，是报表显示数据的主要区域。主体用来处理每条记录，其字段数据必须通过文本框或其他控件绑定显示。

5. 组页脚。组页脚主要是通过文本框或其他类型的控件显示分组统计数据。组页眉和组页脚可以根据需要单独设置使用，可以通过单击工具栏上的"分组和排序"命令来设置分组信息。

6. 页面页脚。页面页脚和页面页眉对应，出现在报表每一页的末尾，其信息包括报表页码、日期等。需注意的是，页面页脚和页面页眉显示在同一页，因此要避免两者信息重复。页面页脚与页面页眉使用同样的命令，成对地添加或删除。

7. 报表页脚。报表页脚部分一般是在所有的主体和组页脚被打印完成后，才会打印在报表的最后面。通过使用报表页脚，可以显示整个报表的计算汇总或其他的统计数据。

任务二　报表的基本操作

编辑报表的布局时常用的操作是选择控件、移动控件、对齐控件、改变控件大小、复制控件、删除控件等。

一、选择控件

要对报表设计器中的控件进行对齐、移动和删除等编辑操作，通常需要先选择它。用户可以选择一个控件，也可以选择多个控件。

（一）选择一个控件

单击控件即可选择该控件。选定的控件边框将出现控制柄（橙色的小矩形框）。

【提示】如果某个控件有与之关联的标签控件，则选择该控件时，与之关联的标签控件的左上角也将出现控制柄。选择一个控件后，如果使用相同的方法选择下一个控件，那么将取消对上一个控件的选择。如果单击报表的其他位置，则将取消对控件的选择。

（二）选择多个控件

1. 与 Windows 环境中选择多个文件图标的方法相同，在报表设计器中拖拽画一个矩形的选择框，选择框内部的控件和选择框边框所经过的控件将全部被选中。这种方法常用于选择连续的多个控件。

2. 先按住【Ctrl】键，再单击需要选择的控件。这种方法常用于选择不连续的多个控件。

3. 按【Ctrl】+【A】组合键，可以选择全部控件。

【提示】选择多个控件后，如果单击报表设计器中被选定的控件以外的其他位置，将取消对所有控件的选择。选择多个控件后，如果在按住【Shift】键的同时单击选中的控件，将取消对该控件的选择。

二、移动控件

设计报表的布局时，经常需要移动控件。用户可以利用鼠标快速地移动控件，也可以利用键盘细微地移动控件，还可以利用属性窗口精确地设置控件的位置。

（一）利用鼠标移动控件

先选择需要移动的一个或多个控件，再将鼠标指针指向选定的控件。当鼠标指针变成"✛"形状时，按下鼠标左键进行拖拽，可以移动所有选定控件的位置。

【提示】如果只移动一个控件，则直接拖拽该控件即可快速移动该控件。有的控件有与之关联的标签控件，默认情况下这两个控件将同时被移动。选择控件后，将鼠标指针指向控件左上角的控件控制柄，当鼠标指针变成"✛"形状时，拖动鼠标可以移动鼠标指针指向的一个控件的位置。

（二）利用键盘移动控件

先选择需要移动位置的一个或多个控件，再按【Ctrl】+方向键即可细微地移动所选定的控件。

三、对齐控件

设计报表时，常常需要使控件按行或列对齐。因为使用鼠标和键盘移动控件时很难精确地对齐控件，所以用户通常使用菜单命令来对齐控件。

先选择需要对齐的控件，再单击"报表设计工具"→"排列"→"调整大小和排序"→"对齐"按钮，打开如图6-3所示的"对齐"下拉菜单，选择相应的命令，即可精确地对齐控件。

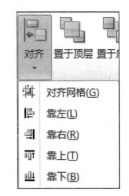

四、设置多个控件大小相同

设计报表时，常常需要使一组控件具有相同的宽度和高度。因为使用鼠标和键盘很难精确设置控件的大小，所以用户通常使用菜单命令设置多个控件的大小，从而使它们大小相同。

图6-3 "对齐"下拉菜单

先选择需要设置相同大小的控件，然后单击"报表设计工具"→"排列"→"调整大小和排序"→"大小/空格"按钮，打开"大小/空格"下拉菜单，再选择"大小"中相应的命令，即可设置多个控件具有相同的高度和宽度。

五、设置控件的间距

设计报表时，常常需要调整控件的水平间距或垂直间距。用户只要先选择需要使水平间距或垂直间距相等的多个控件，然后单击"报表设计工具"→"排列"→"调整大小和排序"→"大小/空格"按钮，打开"大小/空格"下拉菜单，再选择"间距"中相应的命令，即可设置控件的水平间距或垂直间距。

六、改变控件的大小

在报表设计器中可以利用鼠标快速改变控件的大小，也可以利用键盘细微地改变控件的大小，还可以利用属性表对话框精确地设置控件的大小。

（一）利用鼠标改变控件的大小

利用鼠标改变控件的大小时，先选择需要改变大小的控件，再将鼠标指针指向选定的控件的控制柄。当鼠标指针变成"↕"或"↔"形状时，拖拽选定控件的控制柄，即可方便地改变所有选定控件的大小。

如果控件有与之相关联的标签控件，默认情况下将改变控件的大小，而不改变控件标签的大小。

（二）利用键盘改变控件的大小

利用键盘改变控件的大小时，只需先选择需要改变大小的控件，再按【Shift】+方向键，即可细微地改变选定的控件的大小。

七、复制控件

如果报表中有多个相同的控件，则可以在创建了其中一个控件后，使用复制的方法创建其他控件，以提高工作效率。复制报表控件的操作步骤如下：

1. 选择需要复制的控件。

2. 单击【Ctrl】+【C】键。

3. 单击【Ctrl】+【V】键。

完成以上操作后，复制得到的报表控件将出现在选定的控件附近，用户可以用鼠标把复制出的控件移动到目标位置。

八、删除控件

报表中不需要的控件必须删除。先选择需要删除的控件，再按【Delete】键，即可删除所选定的控件。

九、控件外观设置

控件的外观包括前景色、背景色、字体、字形、边框、特殊效果等格式属性。在属性表中,设置格式属性就可以修改控件的外观。

任务三 自动创建报表

自动方式是指通过指定数据源(仅基于一个表或查询),由系统自动生成包含数据源所有字段的创建方法,是创建报表的最快捷方式。

【实例6-1】使用自动创建报表的方法创建基于"学生信息"表的报表"显示学生信息"。

操作步骤:

1. 打开"教学管理系统"数据库,单击"表"对象下的"学生信息"表。

2. 单击"创建"工具栏上的"报表"命令。

3. 切换到报表视图,可以看到自动生成了报表,如图6-4所示。

学生信息								
学号	姓名	性别	系别	班级编号	出生日期	政治面貌	籍贯	入学成绩
2012101	刘思思	女	法律系	2012212	1994/10/4	团员	广州	
2013001	李国松	女	信息系	2013101	1996/2/14	团员	广州	535
2013002	毛新星	男	信息系	2013102	1996/9/12	党员	珠海	621
2013003	阙文	女	警察系	2013103	1996/7/6	党员	深圳	564
2013004	邓杰	男	法律系	2013105	1996/12/9	团员	广州	490
2013005	李立	男	信息系	2013101	1996/11/9	党员	佛山	560
2013006	刘洋	女	信息系	2013101	1995/3/7	团员	深圳	590
2013007	陈晨	男	法律系	2013105	1996/8/7	团员	江门	430
2013008	陈楠	男	安保系	2013108	1995/1/2	团员	广州	500

图6-4 "显示学生信息"报表

4. 单击"保存"命令,把报表保存为"显示学生信息"。

任务四 使用向导创建报表

采用自动创建报表方式创建的报表,形式单一,不允许用户自行定义所要显示的字段。而采用向导方式创建的报表,用户可以选择希望在报表中看到的字段,这些字段可以来自多个表和查询,向导还会按照用户选择的布局和格式来建立报表。

【实例6-2】利用"学生信息"表、"课程信息"表及"学生成绩"表作为数据源,创建"显示学生成绩"报表,报表中显示的字段为"学号"、"姓名"、"课程名称"和"成绩"。

操作步骤:

1. 打开"教学管理系统"数据库,单击"报表"对象。

2. 单击"创建"工具栏上的"报表向导"命令，打开报表向导的第一个对话框，在此分别选择"学生信息"表的"学号"和"姓名"字段，"课程信息"表的"课程名称"字段，以及"学生成绩"表的"成绩"字段，如图 6-5 所示。

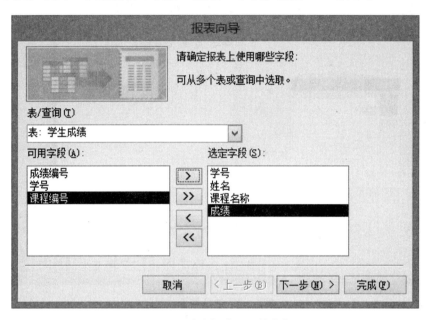

图 6-5　确定报表显示的字段

3. 单击"下一步"按钮，打开报表向导的第二个对话框，在此选择"通过学生成绩"来查看数据，如图 6-6 所示。

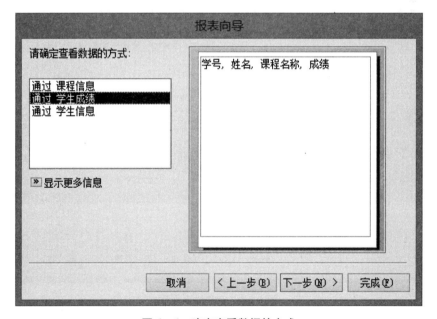

图 6-6　确定查看数据的方式

4. 单击"下一步"按钮，打开报表向导的第三个对话框，在此不添加分组字段，如图6-7所示。

图6-7 选择是否分组

5. 单击"下一步"按钮，打开报表向导的第四个对话框，在此选择"学号"按升序排序，如图6-8所示。

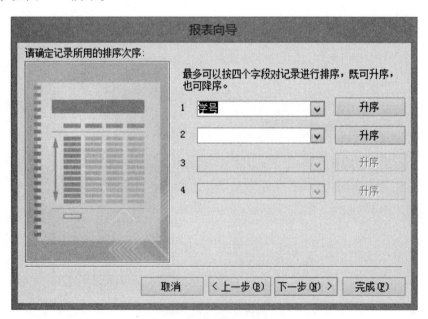

图6-8 确定排序次序

6. 单击"下一步"按钮，打开报表向导的第五个对话框，"布局"方式选"表格"，"方向"选"纵向"，如图6-9所示。

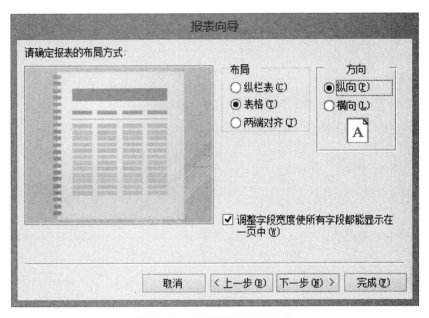

图6-9　确定报表的布局方式

7. 单击"下一步"按钮，打开报表向导的最后一个对话框，在此输入标题"显示学生成绩"，如图6-10所示。

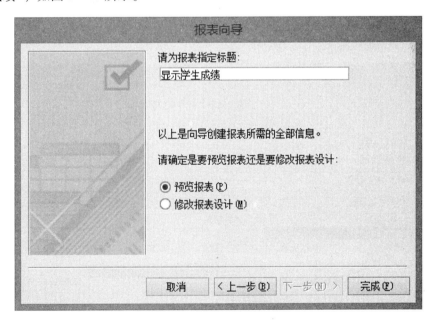

图6-10　为报表指定标题

8. 单击"完成"按钮，可以看到完成后的报表如图6-11所示。报表的底部还会自动显示时间和页码。

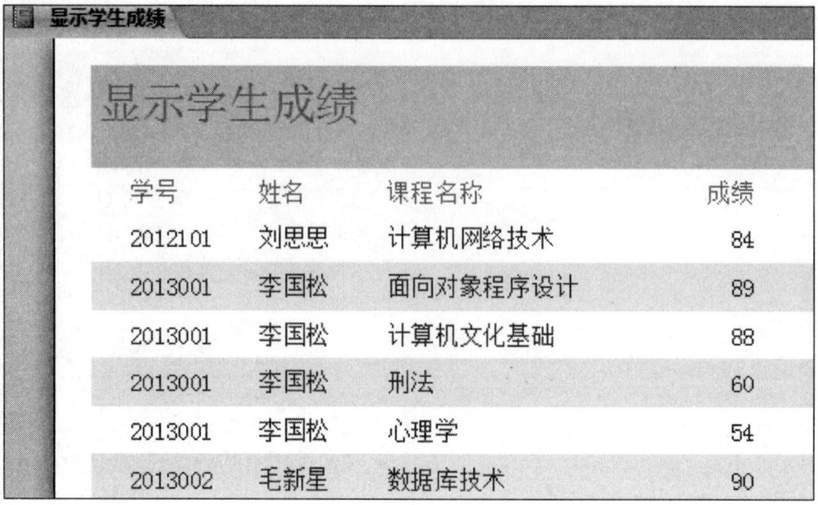

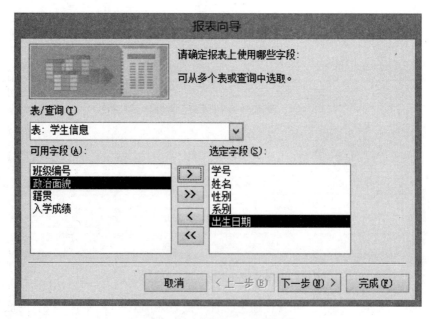

图 6 - 11　"显示学生成绩"报表

【实例 6 - 3】以"学生信息"表为数据源，利用向导创建"按系别分组"报表，报表中要求显示"系别"、"学号"、"姓名"、"性别"和"出生日期"。

操作步骤：

1. 打开"教学管理系统"数据库，选择"报表"对象。

2. 单击"创建"工具栏上的"报表向导"命令，打开报表向导的第一个对话框，在此选择"学生信息"表的"学号"、"姓名"、"性别"、"系别"和"出生日期"字段，如图 6 - 12 所示。

图 6 - 12　选择数据源及字段

3. 单击"下一步"按钮，打开报表向导的第二个对话框，在此选择"系别"作为分组字段，如图6–13所示。如果单击"分组选项"按钮，还可以设置分组间隔。

图6–13　添加分组字段

4. 单击"下一步"按钮，打开报表向导的第三个对话框，在此选择"学号"升序排序。

5. 单击"下一步"按钮，打开报表向导的第四个对话框，在此选择"递阶"布局，方向选"纵向"，如图6–14所示。

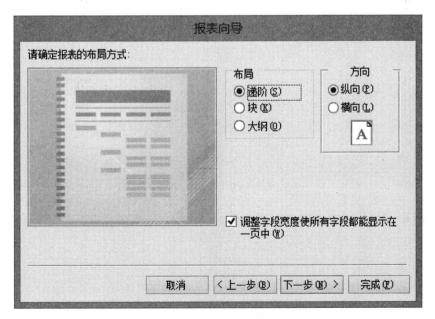

图6–14　确定报表的布局方式

6. 单击"下一步"按钮,打开报表向导的第五个对话框,在此输入报表的标题"按系别分组的学生信息",如图 6 - 15 所示。

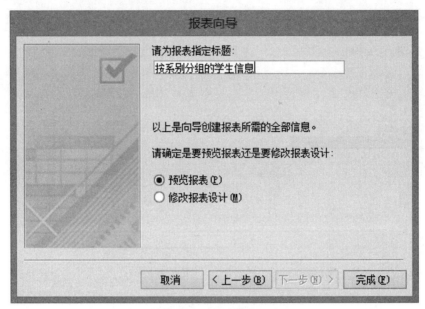

图 6 - 15   指定报表标题

7. 单击"完成"按钮,可以看到完成后的报表部分内容,如图 6 - 16 所示。

按系别分组的学生信息				
系别	学号	姓名	性别	出生日期
安保系				
	2013008	陈楠	男	1995/1/2
	2013009	黄力良	男	1996/9/12
	2013017	刘凯奇	女	1996/5/26
法律系				
	2012101	刘思思	女	1994/10/4
	2013004	邓杰	男	1996/12/9
	2013007	陈晨	男	1996/8/7
	2013020	吴双	女	1997/4/16

图 6 - 16   完成后的部分报表内容

【**实例 6 - 4**】以"学生信息"表为数据源,创建一个统计各系学生百分比的图表报表。

操作步骤:

1. 打开"教学管理系统"数据库。

2. 单击"创建"工具栏上的"报表设计"命令,打开报表的设计视图。

3. 用鼠标右键单击报表的任意节,在快捷菜单中选择"页面页眉/页脚"命令,取消显示页面页眉/页脚。

4. 单击"报表设计工具"下工具箱中的"图表"控件,在报表主体节中单击鼠标放置图表控件,弹出如图6-17所示的"图表向导"对话框。

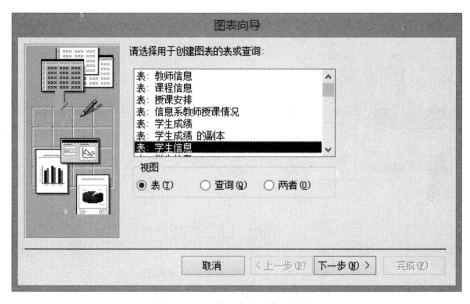

图6-17 "图表向导"对话框

5. 选择"学生信息"表作为报表的数据源。

6. 单击"下一步"按钮,弹出"选择图表数据所在的字段"对话框,在此选择"学号"和"系别"作为图表的字段,如图6-18所示。

图6-18 "选择图表数据所在的字段"对话框

7. 单击"下一步"按钮，弹出"选择图表类型"对话框，在此选择"三维饼图"作为图表类型，如图 6 – 19 所示。

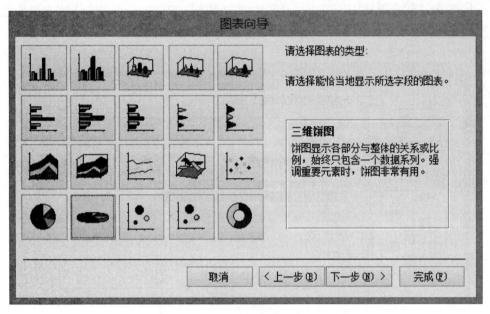

图 6 – 19   "选择图表类型"对话框

8. 单击"下一步"按钮，弹出"确定图表布局方式"对话框。将"学号"字段拖拽至"数据"位置，并将"系别"字段作为"系列"项。如图 6 – 20 所示。

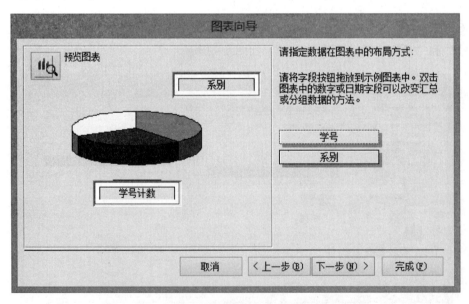

图 6 – 20   "确定数据在图表中的布局方式"对话框

9. 单击"下一步"按钮，弹出"指定图表标题"对话框。在此输入图表标题"各系学生比例图"，并选中"是，显示图例"单选按钮，如图 6 – 21 所示。

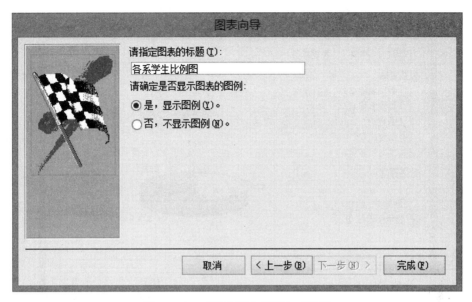

图 6 – 21 "指定图表标题"对话框

10. 单击"完成"按钮，即可在设计视图中显示图表报表的示例效果，如图 6 – 22 所示。

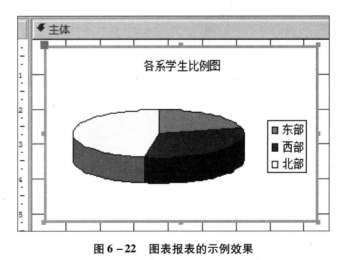

图 6 – 22 图表报表的示例效果

【提示】在设计视图中查看图表时，并不显示图表本身的数据，而仅仅显示该图表生成的示例数据的效果，在布局视图、打印预览视图或报表视图中均可查看实际的图表效果。

11. 修改图表。

（1）双击图表区域，激活图表。

（2）选择"图表"→"图表选项"命令，弹出"图表选项"对话框，选择"数据标签"选项卡，勾选"百分比"复选框，如图 6 – 23 所示。

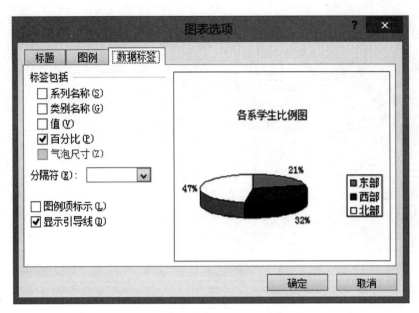

图6-23 "图表选项"对话框

（3）单击"确定"按钮，返回报表设计器。

（4）单击图表区以外的任何地方，退出图表修改。

12. 切换到打印预览视图，看到如图6-24所示的效果图。

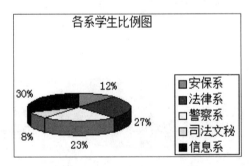

图6-24 各系学生比例图

13. 单击"保存"按钮，把该报表保存为"各系学生比例图"。

在日常生活中，经常需要标签型报表，例如，打印学生的成绩单。Access 2010提供的"标签"向导就能创建这样的标签报表。

【实例6-5】利用查询"不及格学生信息"作为数据源，运用标签向导创建标签报表，用以通知不及格的学生进行补考。

操作步骤：

1. 打开"教学管理系统"数据库，单击"查询"对象下的"不及格学生信息"查询。

2. 单击"创建"工具栏上的"标签"命令，打开标签报表向导的第一个对话框，如图6-25所示。在此按默认的选项。在指定标签尺寸对话框中可以根据需要选择合适的标签型号，系统提供了一些定制标签的相关参数，如型号、尺寸和纸上横向打印的标签个数（横标签号）、度量单位、标签按厂商定制等选项以供用户选择。用户还可以根据系统提供的"自定义"按钮来设计标签。

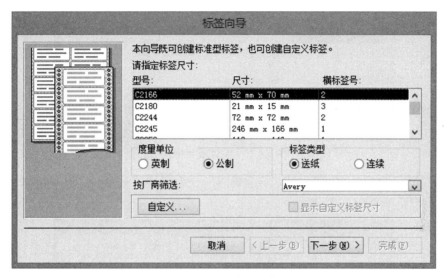

图6-25　指定标签尺寸

3. 单击"下一步"按钮，打开标签报表向导的第二个对话框，按图6-26所示选择字体和颜色。

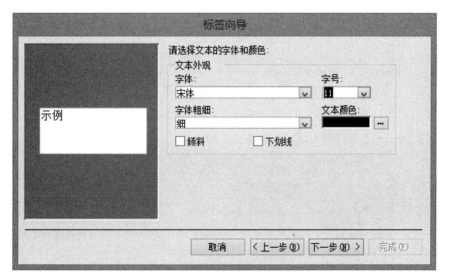

图6-26　选择文本的字体和颜色

4. 单击"下一步"按钮，打开标签报表向导的第三个对话框，按图6-27所示设计原型标签，大括号及其所包含的文字为从左边"可用字段"处选择而来，其余文字由用户自行输入。

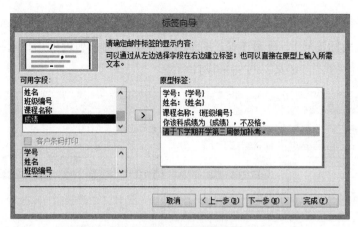

图 6 – 27　设计原型标签

5. 单击"下一步"按钮，打开标签报表向导的第四个对话框，在此选择"学号"作为排序依据，如图 6 – 28 所示。

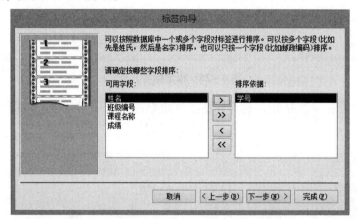

图 6 – 28　确定排序字段

6. 单击"下一步"按钮，打开标签报表向导的最后一个对话框，在此输入报表名称为"标签——不及格学生信息"，如图 6 – 29 所示。

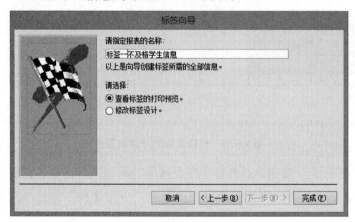

图 6 – 29　指定报表名称

7. 单击"完成"按钮，即可看到所创建的标签报表如图 6 – 30 所示。

学号：2013001　　　　　　　　学号：2013002
姓名：李国松　　　　　　　　　姓名：毛新星
课程名称：2013101　　　　　　课程名称：2013102
你该科成绩为 54 ，不及格。　　你该科成绩为 56 ，不及格。
请于下学期开学第三周参加补考。请于下学期开学第三周参加补考。

学号：2013005　　　　　　　　学号：2013008
姓名：李立　　　　　　　　　　姓名：陈楠
课程名称：2013101　　　　　　课程名称：2013108
你该科成绩为 39 ，不及格。　　你该科成绩为 40 ，不及格。
请于下学期开学第三周参加补考。请于下学期开学第三周参加补考。

图 6 – 30 "标签——不及格学生信息"报表

任务五　使用设计视图创建报表

【实例 6 – 6】以查询"学生选课成绩"为数据源，在设计视图中创建学生成绩汇总报表，报表中要求显示选修某门课程的学生人数、选修某门课程的学生平均成绩、选修某门课程的学生总成绩。

操作步骤：

1. 打开"教学管理系统"数据库，选择"报表"对象。

2. 单击"创建"工具栏上的"报表设计"命令，打开报表的设计视图，单击工具栏上的"属性表"命令，添加"学生选课成绩"为数据源，如图 6 – 31 所示。

图 6 – 31　添加数据源

3. 单击"字段列表"命令，把"学生选课成绩"查询中的所有字段添加到报表的主体节中，并将各个字段的附加标签剪切到"页面页眉"节中，调整到合适的位置，如图 6 – 32 所示。

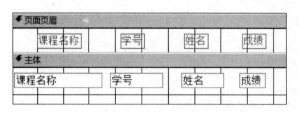

图 6 - 32 添加字段

4. 右键单击报表的任意空白区域，从弹出的快捷菜单中选择"报表页眉/页脚"命令，在报表页眉处添加一个标签控件，并在其中输入文本"学生成绩汇总表"，设置字体为"楷体"，字号 18。

5. 在"页面页脚"节中插入系统日期和页码。

6. 单击工具栏上的"分组和排序"命令，在设计视图下方出现分组和排序选项，单击"添加组"命令，选择"课程名称"作为分组字段，并按升序排序，选择"有页脚节"，"无页眉节"，如图 6 - 33 所示。

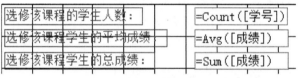

图 6 - 33 添加分组字段

7. 在"课程名称"页脚中添加三个文本框，文本框和附加标签中的内容如图 6 - 34 所示。

选修该课程的学生人数：	=Count([学号])
选修该课程学生的平均成绩	=Avg([成绩])
选修该课程学生的总成绩：	=Sum([成绩])

图 6 - 34 组页脚显示内容

8. 切换到"报表视图"，可以看到完成后的报表如图 6 - 35 所示。

图 6 - 35 部分报表内容

9. 单击"保存"命令，把报表保存为"学生成绩汇总"。

【**实例6-7**】以"学生信息"表为数据源，在设计视图中创建"学生信息——分列显示"报表，在一页报表中显示三列学生信息。报表中要求显示"学号"、"姓名"、"性别"和"班级编号"四个字段。

操作步骤：

1. 打开"教学管理系统"数据库，选择"报表"对象。

2. 单击"创建"工具栏上的"报表设计"命令，打开报表的设计视图，单击工具栏上的"属性表"命令，添加"学生信息"表为数据源。关闭"属性表"对话框。

3. 单击"添加现有字段"命令，将"学号"、"姓名"、"性别"和"班级编号"四个字段拖放到报表主体的合适位置。

4. 右键单击报表的空白区域，在弹出的快捷菜单中选择"报表页眉/页脚"，在报表页眉添加标签"学生信息——多列报表"，并取消"页面页眉/页脚"项。

5. 切换到报表视图，可以看到如图6-36所示的单列显示报表。

图6-36　单列显示报表

6. 切换到设计视图，单击"页面设置"工具栏上的"页面设置"命令，在"打印选项"选项卡上，看到左右页边距均为6.35毫米。单击"页"选项卡，可以看到报表选的是A4纸。单击"列"选项卡，可以看到列数为1，列的宽度为12.335cm，如图6-37所示。

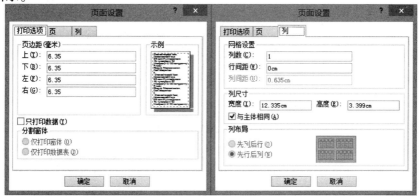

图6-37　原始页面设置

7. A4 纸宽度为 21cm，若要设置报表显示三列，则"三列列宽 +2 * 列间距 + 左右边距"应小于等于 21，因此，按图 6 – 38 所示设置左右边距及列数、列宽度、列间距。

图 6 – 38　设置报表显示三列的参数

8. 关闭"页面设置"对话框，切换到打印预览视图，可以看到完成的报表如图 6 – 39 所示。

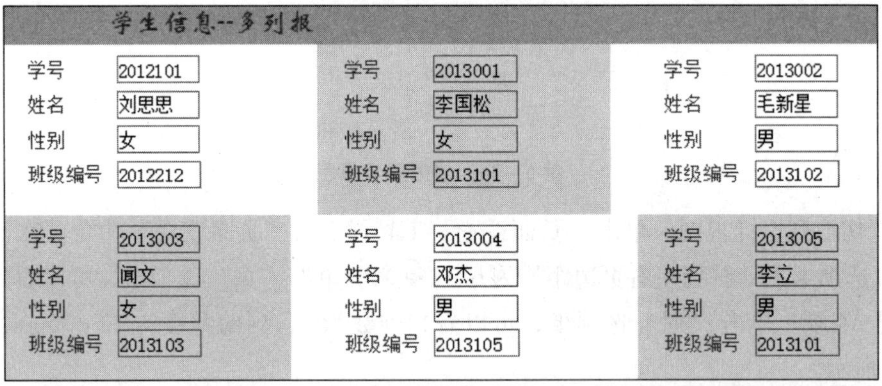

图 6 – 39　多列报表

9. 单击"关闭打印预览"命令，接着单击"保存"命令，将报表保存为"学生信息——分列显示"。

任务六　创建子报表

子报表是插入到其他报表中的报表，包含子报表的报表称为主报表。在多个报表合并时，其中一个报表必须作为主报表，其余的报表作为子报表。在报表的设计和应用中，一般利用子报表实现一对多关系的表之间的联系，主报表显示"一"端表的记录，而子报表则显示与"一"端当前记录所对应的"多"端表的记录。主报表可包含多个子报表。

一个主报表可以基于表、查询或 SQL 语句等数据源，也可以不基于这些数据库对象。通常，主报表与子报表的数据来源有以下几种联系：

1. 一个主报表内的多个子报表的数据来自不相关的记录源。在此情况下，非结合型的主报表只是作为合并的不相关的子报表的"容器"使用。

2. 主报表和子报表数据来自相同的数据源。当希望插入包含与主报表数据相关的子报表时，应该把主报表与查询或 SQL 语句结合起来。

3. 主报表和多个子报表数据来自相关记录源。一个主报表也可以包含两个或多个子报表共用的数据，在此情况下，子报表包含与公共数据相关的详细记录。

创建子报表有两种方式：一是在现有的报表中创建子报表，二是将现有报表插入到其他报表中作为子报表。

一、在现有报表中创建子报表

【**实例 6 - 8**】以"学生信息"表为数据源，创建一个主报表，在该主报表中添加一个子报表用以显示每个学生各门课程的成绩。

操作步骤：

1. 打开"教学管理系统"数据库，选择报表对象。

2. 单击"创建"工具栏下的"报表设计"命令，打开报表的设计视图，单击工具栏上的"属性表"命令，添加"学生信息"表为数据源。关闭"属性表"对话框。

3. 在报表的页面页眉中添加一个标签，并在标签中输入文本"学生基本信息及成绩"。

4. 在报表主体节中添加"学号"、"姓名"、"性别"、"班级编号"、"出生日期"和"政治面貌"6 个字段。完成后报表的打印预览视图如图 6 - 40 所示。

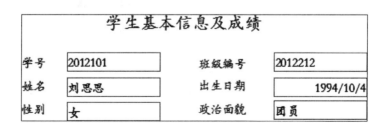

图 6 - 40 　"学生基本信息及成绩"报表

5. 切换到"设计视图"，单击"报表设计工具"栏下工具箱中的"子窗体/子报表"控件按钮，在报表的合适位置单击，弹出"子报表向导"对话框，在此选择"使用现有的表和查询"单选框。如图 6 - 41 所示。

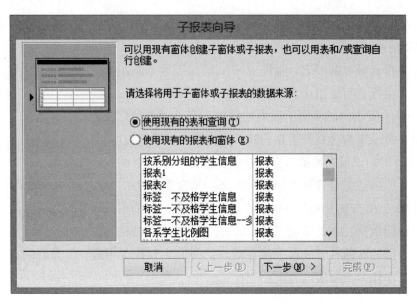

图 6 – 41 "子报表向导"对话框

6. 单击"下一步"按钮，打开"确定在子窗体或子报表中包含的字段"对话框，在此选择"学生选课成绩"查询的"学号"、"课程名称"和"成绩"三个字段。如图 6 – 42 所示。

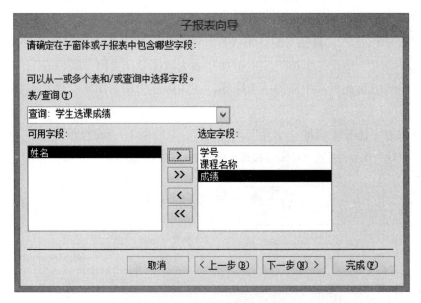

图 6 – 42 "确定在子窗体或子报表中包含的字段"对话框

7. 单击"下一步"按钮，弹出"确定主报表和子报表链接的字段"对话框，在此按默认的勾选"从列表中选择"单选框，如图 6 – 43 所示。

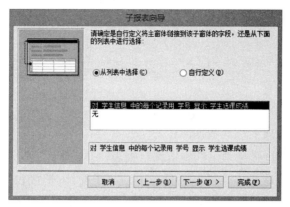

图6-43　"确定主报表和子报表链接的字段"对话框

8. 单击"下一步"按钮，弹出"指定子窗体或子报表的名称"对话框，按默认值无需更改，如图6-44所示。

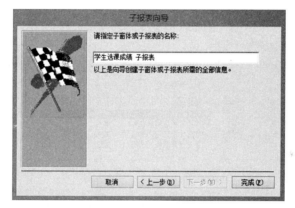

图6-44　"指定子窗体或子报表的名称"对话框

9. 单击"完成"按钮，切换到打印预览视图，可以看到完成后的报表如图6-45所示。

图6-45　"学生基本信息及成绩"报表

10. 单击"保存"按钮，将报表保存为"学生基本信息及成绩"。

二、将现有报表添加到其他报表中作为子报表

【实例6－9】 为"学生基本信息"报表中添加"学生成绩子报表"，用于显示每个学生各门课程的成绩。

操作步骤：

1. 打开"教学管理系统"数据库。

2. 在设计视图中打开"学生基本信息"报表。

3. 单击"报表设计工具"栏下工具箱中的"子窗体/子报表"控件按钮，在报表的合适位置单击，弹出"子报表向导"对话框，在此选择"使用现有的报表和窗体"单选框，并在列表框中选择"学生成绩子报表"作为子报表的数据来源。如图6－46所示。

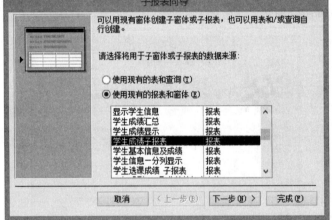

图6－46 "选择子报表的数据来源"对话框

4. 单击"下一步"按钮，弹出"确定主/子窗体链接的字段"对话框，在此按默认选择"从列表中选择"单选框，如图6－47所示。

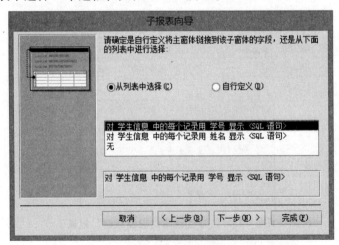

图6－47 "确定主/子窗体链接的字段"对话框

5. 单击"下一步"按钮，弹出"指定子报表名称"对话框，在此按默认值即可。如图 6 – 48 所示。

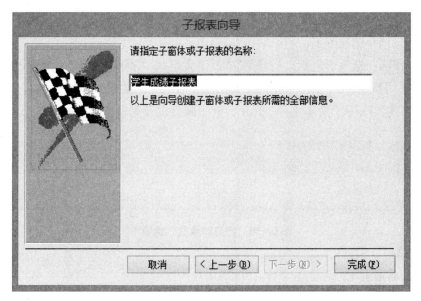

图 6 – 48　"指定子报表名称"对话框

6. 单击"完成"按钮，切换到"打印预览视图"，可以看到如图 6 – 49 所示的报表。

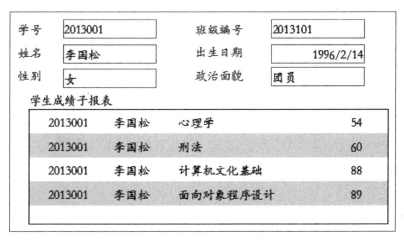

图 6 – 49　修改后的"学生基本信息"报表

任务七　预览和打印报表

设计报表的目的是把报表打印出来，但是要想打印出美观的报表，在打印之前还需要合理设置报表的页面，直到预览效果满意。

一、打印预览选项卡

当打开一个报表切换到"打印预览"视图后，功能区的选项卡只保留"文件"、"打印预览"两个选项卡了。

"打印预览"选项卡包括"打印"、"页面大小"、"页面布局"、"显示比例"、"数据"和"关闭预览"6个组，如图6-50所示。其中，"数据"组的作用是报表导出为其他文件格式：Excel、文本文件、PDF、电子邮件以及其他格式。

图6-50　"打印预览"选项卡

二、预览报表

预览报表的目的是在屏幕上模拟打印机的实际效果。为了保证打印出来的报表满足要求，且外形美观，通过预览显示打印页面，以便发现问题及时修改。在"打印预览"中，可以看到报表的打印外观，并显示全部记录。Access 2010提供了多种打印预览模式：单页预览、双页预览和多页预览。

在"显示比例"组中，有"单页"、"双页"和"其他页面（多页）"显示方式，通过单击不同的按钮，以不同的方式预览报表。单击"其他页面"按钮，可以打开多页预览方式列表，在列表中提供了4页、8页和12页三种预览方式。

在"打印预览"选项卡中，还可以对报表进行各种设置，例如"纸张大小"、"页边距"、"页面布局"等的设置。

三、打印报表

经过预览、修改后，就可以打印报表了，打印是将报表送到打印机输出，打印报表的操作步骤如下：

1. 在"打印"选项卡中，单击"打印"按钮，打开"打印"对话框，如图6-51所示。在此可以设置打印范围、打印份数等。

2. 在"打印"对话框中，单击"设置"按钮，打开"页面设置"对话框，如图6-52所示。在"打印选项"选项卡可以设置页边距；在"列"选项卡中可以设置一页报表包含的列数、行间距、列的宽度和高度等。

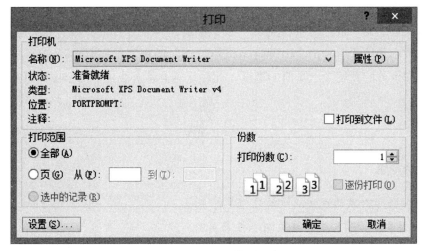

图 6-51 "打印"对话框

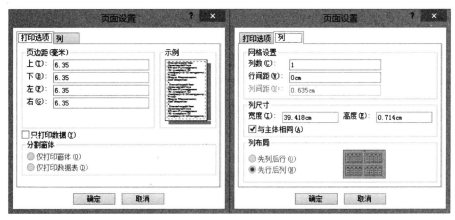

图 6-52 "页面设置"对话框

3. 设置完成后单击"确定"按钮,返回到"打印"对话框,在打印对话框中,单击"确定"按钮,即开始打印报表。

四、打印预览的常见问题

在设计完报表,切换到报表设计视图时,常常会弹出"节宽度大于页宽度……"的提示框,如图 6-53 所示。如果忽略这个提示,则会出现在打印的空白页上没有任何数据的情况。

图 6-53 "节宽度大于页宽度……"的提示框

主要原因是在设计报表时，在主体节或页面页眉、页面页脚中，控件所占据的宽度大于所设置的输入纸张的页面宽度所致，应适当调整控件的宽度。可是有时在调整了控件的大小和位置后，仍会出现这个提示，这时的原因往往是由于某个直线控件太长，从而导致节的宽度大于页面的宽度，此时只需调整直线控件的长度即可。

习　题

一、选择题

1. 下列关于报表的说法正确的是（　　）。

A. 在报表中必须包含报表页眉和报表页脚

B. 报表页眉打印在报表第一页的开头，报表页脚打印在报表的最后一页的末尾

C. 子报表只能通过报表向导创建

D. 交叉报表是由交叉报表向导创建的

2. 如果要显示的记录和字段较多，并且希望可以同时浏览多条记录及方便比较相同字段，则应创建（　　）类型的报表。

　A. 纵栏式　　　　　B. 标签式　　　　　C. 表格式　　　　　D. 图表式

3. 在报表中添加标签控件是通过（　　）。

　A. 工具箱　　　　　B. 工具栏　　　　　C. 属性表　　　　　D. 字段列表

4. 报表的作用不包括（　　）。

　A. 格式化数据　　　B. 汇总数据　　　　C. 分组数据　　　　D. 输入数据

5. 创建报表时，使用自动创建方式可以创建（　　）。

　A. 纵栏式报表和图表式报表　　　　　B. 标签式报表和纵栏式报表

　C. 表格式报表和纵栏式报表　　　　　D. 表格式报表和图表式报表

6. 将大量数据按不同的类型分别集中在一起，可以将数据进行（　　）。

　A. 筛选　　　　　　B. 分组　　　　　　C. 排序　　　　　　D. 合计

7. 设置打印的报表每页显示五列记录，应在下列（　　）中完成。

　A. 工具箱　　　　　B. 属性表　　　　　C. 字段列表　　　　D. 页面设置

8. 报表的主要目的是（　　）。

　A. 操作数据　　　　　　　　　　　　　B. 在计算机屏幕上查看数据

　C. 查看打印出的数据　　　　　　　　　D. 方便数据的输入

9. 如果在报表的最后一页底部输出信息，应通过（　　）设置。

　A. 组页脚　　　　　B. 报表页脚　　　　C. 报表页眉　　　　D. 页面页脚

10. 要实现报表的分组统计，其操作区域是（　　）。

　A. 报表页眉或报表页脚区域　　　　　B. 页面页眉或页面页脚区域

C. 主体区域   D. 组页眉或组页脚区域

11. 在报表的计算控件中的"控件来源"表达式必须使用以下的（   ）符号。

A. %   B. :   C. *   D. =

12. 如果要使报表的标题在每一页上都显示，那么应该设置（   ）。

A. 主体   B. 主页眉   C. 页面页眉   D. 报表页眉

13. 下列关于报表的叙述中，正确的是（   ）。

A. 报表只能输入数据   B. 报表只能输出数据

C. 报表可以输入和输出数据   D. 报表不能输入和输出数据

14. 在报表的设计过程中，不适合添加的控件是（   ）。

A. 标签控件   B. 图形控件

C. 文本框控件   D. 选项组控件

15. 在报表中，要计算"数学"字段的最低分，应将控件的"控件来源"属性设置为（   ）。

A. ＝Min（［数学］）   B. ＝Min（数学）

C. ＝Min［数学］   D. Min（数学）

二、填空题

1. 报表由_____、_____、_____、_____、_____、_____和报表页脚等 7 节组成。

2. 在 Access 中，报表可以分为四种类型：_____、_____、_____和_____。

3. 在 Access 中新建的空白报表包含三个节：_____、_____和_____。

4. Access 中报表操作有三种视图，分别是_____、_____、_____。

5. 报表向导最多可以按照_____个字段对记录进行排序。使用报表设计视图中的"排序与分组"按钮可以对_____个字段排序。

6. 在报表中，使用_____控件可以显示计算表达式的值。

7. 在 Access 中，创建分组报表是使用_____。

8. 在 Access 中，主报表最多可以包含_____级子报表。

9. 若要在报表页脚中输出日期，可在报表页脚中添加一个日期的文本框，该文本框的控件来源属性是_____。

10. 在 Access 2010 数据库中，一个主报表可以包含多个_____。

三、实训题

1. 在"教学管理系统"数据库中，使用报表向导创建一个按"系别"分组、按"教师编号"排序的教师信息报表。报表显示的字段包括系别、教师编号、姓名、性别、学历和职称。

2. 在"教学管理系统"数据库中,使用报表设计视图来创建一个标签报表,用于通知教师上课时间、上课班级和上课地点。要求以"教师信息"表和"授课安排"表作为数据源。

项目七

创建宏

知识能力与目标

◇ 了解宏的概念；

◇ 掌握有关宏的操作；

◇ 掌握不同类型宏的创建方法；

◇ 掌握单步调试宏。

任务一　宏的概述

宏是一种特殊的代码，是一种操作代码组合，它以操作为单位，将一连串操作有机地组合起来。在运行宏时，这些操作被一个一个地依次执行。宏中的每个操作都可以携带自己的参数，但每个操作执行后都没有返回值。

一、宏的基本概念

宏是由一个或多个操作组成的集合，其中的每个操作都能自动执行，并实现特定的功能。例如打开或关闭窗体、显示及隐藏工具栏、预览或打印报表等。

使用宏非常方便，不需要记住各种语法，也不需要编程，只需利用几个简单宏操作就可以对数据库完成一系列的操作，宏实现的中间过程完全是自动的，这极大地提高了工作效率。

二、宏的功能

宏不仅创建简单，使用方便，而且功能十分强大，从简单的打开和关闭窗体操作，到复杂的组合操作无所不能。宏的功能如下：

1. 连接多个窗体和报表。有时候，需要同时使用多个窗体或报表来浏览其中相关联的数据。例如，在"教学管理系统"中已经创建了"教师信息浏览"和"教师授课情况"两个窗体，使用宏可以在"教师信息浏览"窗体中，通过与宏链接的命令按钮或者嵌入宏，打开"教师授课情况"窗体，以了解各个教师的授课情况。

2. 自动进行数据校验。在窗体中对特殊数据进行处理或校验时，可以发挥宏的作用，使用宏可以方便地设置检验数据的条件，并可以给出相应的提示信息。

3. 自动查找和筛选记录。宏可以加快查找记录的速度。例如，在窗体中建立一个宏命令按钮，在宏的操作参数中指定筛选条件，就可以快速查找到所需的记录。

4. 在数据库启动时执行操作。使用宏可以在打开数据库时打开窗体和其他对象，并将几个对象联系在一起，执行一组特定的工作。使用宏还可以自定义窗体中的菜单栏。

5. 弹出提示信息框，显示警告。使用宏可以很方便地在数据出错时弹出提示框。

三、宏的分类

Access 2010 中的宏可以分为独立宏、嵌入宏、条件操作宏、数据宏和子宏五种类型。

（一）独立宏

独立宏是独立的对象，它独立于窗体、报表等对象之外。独立宏在导航窗格中可见。

（二）嵌入宏

与独立宏相反，嵌入宏嵌入在窗体、报表或控件对象的事件中。嵌入宏是它们所嵌入的对象或控件的一部分。嵌入宏在导航窗格中是不可见的，它的出现使得宏的功能更加强大、更加安全。

（三）条件操作宏

条件操作宏是在宏中设置条件，用来判断是否执行下一个宏命令。只有当条件成立时，该宏命令才会被执行。使用条件操作，可以极大地提高宏的控制复杂程序的能力，也使宏的应用更加广泛。

（四）数据宏

数据宏是 Access 2010 中新增的一项功能，该功能允许在表事件（如添加、更新或删除数据等）中自动运行。

有两种类型的数据宏：一种是由表事件触发的数据宏（也称"事件驱动的"数据宏），另一种是为响应按名称调用而运行的数据宏（也称"已命名的"数据宏）。

每当在表中添加、更新或删除数据时，都会发生表事件。数据宏是在发生这三种事件中的任一种事件之后，或发生删除数据或更改事件之前运行的。数据宏是一种触发器，可以用来检查数据表中输入的数据是否合理。当在数据表中输入的数据超出限定的范围时，数据宏就会给出提示信息。另外，数据宏可以实现插入记录、修改记录和删除记录，从而对数据更新，这种更新比使用查询更新的速度快很多。对于无法通过查询实现数据更新的 Web 数据库，数据宏尤其有用。

(五) 子宏

子宏是共同存储在一个宏名下的一组宏的集合，该集合通常只作为一个宏引用。在一个宏中含有一个或多个子宏，每个子宏又可以包含多个宏操作，子宏拥有单独的名称并可独立运行（子宏在 Access 以前的版本中被称为宏组）。

在使用中，如果希望执行一系列相关的操作则要创建包含子宏的宏。

四、宏的结构

宏是由操作、参数、注释（Comment）、组（Group）、If（条件）、子宏等几部分组成的。Access 2010 对宏的结构进行了重新设计，使得宏的结构与计算机程序结构在形式上十分相似。

(一) 注释

注释是对宏的整体或宏的一部分进行说明。注释虽然不是必需的，但是添加注释是个好习惯，它不仅方便读者对宏的理解，还有助于日后对宏的维护。在一个宏中可以有多条注释。

(二) 组

随着 Access 的普及和发展，人们正在使用 Access 来完成越来越复杂的数据库管理，因此宏的结构也越来越复杂。为了高效地管理宏，Access 2010 引入了 Group 组。使用组可以把宏的若干操作，根据其操作目的的相关性分块，一个块就是一个组。这样宏的结构就显得清晰、有条理，阅读起来更方便。需要特别指出的是，这个组与 Access 以前版本的宏组，无论概念还是目的都是完全不同的。

(三) 条件

条件是指在执行宏操作之前必须满足的某些标准或限制。可以使用计算结果等于 True/False 或"是/否"的任何表达式。表达式中包括算术、逻辑、常数、函数、控件、字段名以及属性的值，如果表达式计算结果为 False、"否"或 0（零），将不会执行此操作。如果表达式结果为其他任何值，将运行该操作。条件是一个可选项（既可以有也可以没有）。

五、宏的设计窗口

在宏设计视图下，窗口被分为三个窗格：左侧的导航窗格、中间的宏设计器和右侧的"操作目录"窗格，如图 7-1 所示。

(一) "宏设计器" 窗格

Access 2010 重新设计了宏设计器，与以前的版本相比，宏设计器十分类似于 VBA 事件过程的开发界面，使得开发宏更为方便。

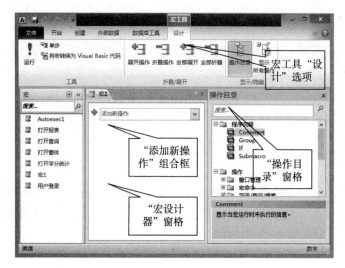

图 7 - 1 宏的设计视图

当创建一个宏后，在宏设计器中，出现一个组合框，组合框中显示添加新操作的占位符，组合框前面有绿色十字，这是展开/折叠按钮，如图 7 - 2 所示。

有三种方式添加新操作：

1. 直接在组合框中输入操作符；

2. 单击组合框的下拉箭头，在打开的列表中选择操作；

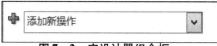

图 7 - 2 宏设计器组合框

3. 从"操作目录"窗格中，把某个操作拖拽到组合框中。

（二）操作目录

在"操作目录"窗格中，以树形结构显示出"程序流程"、"操作"等分支，单击"+"展开按钮，显示下一层的子目录或部分宏对象。"操作目录"窗格中的主要内容如下：

1. 程序流程。

Comment：注释是宏运行时不执行的信息，用于提高宏程序代码的可读性。

Group：允许操作和程序流程在已命名、可折叠、未执行的块中分组，以便宏的结构更清晰、可读性更强。

If：通过判断条件表达式的值来控制操作的执行。如果条件表达式的值为"True"，则执行逻辑块，否则就不执行逻辑块内的操作。

Submacro：用于在宏内创建子宏。每一个子宏都需要指定其子宏名。一个宏可以包含若干个子宏，每一个子宏又包含若干个操作。

2. 操作。"操作"部分把宏操作按操作性质分成 8 个组，分别是"窗口管理"、"宏命令"、"筛选/查询/搜索"、"数据导入/导出"、"数据库对象"、"数据输入操作"、"系统命令"和"用户界面命令"，一共有 66 个操作。Access 2010 以这种结构清晰的方式管理宏，使得用户创建宏变得更加方便和容易。

图 7-3 为选择了操作"OpenForm"之后宏的设计窗口。

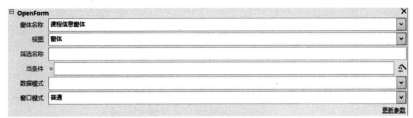

图 7-3 宏的设计窗口

右上角的"✕"：可以删除宏。

OpenForm：宏的操作。单击"-"可以将宏收起来；单击"+"可以将宏展开。

窗体名称：选择 OpenForm 操作所要打开的窗体名称。

视图：选择要在其中打开的窗体的视图，选项包括：窗体、设计、打印预览、数据表、数据透视表、数据透视图、布局。

筛选名称：在此输入要应用的筛选，可以是一个查询或保存为查询的筛选。使用筛选可以限制和/或排序窗体的记录。

当条件 =：设置宏的执行条件。在此可以输入一个 SQL WHERE 语句或表达式，以从窗体的基本表或查询中选择窗体的记录。单击右边的"生成器"按钮可使用表达式生成器来设置条件。

数据模式：设置窗体的数据输入模式。有三个选项：增加（允许增加新的记录）、编辑（允许编辑现有记录或增加新的记录）、只读（只允许查看记录）。

窗口模式：设置窗体的窗口模式。有四个选项：普通（窗体使用窗体属性表中设置的模式）、隐藏（窗体被隐藏）、图标（窗体最小化）和对话框（窗体的"模式"和"弹出窗体"属性设置为"是"）。

任务二 常用的宏操作

宏设计的第一步是选择宏所要执行的操作。一个宏可以包含多个操作，并且可以定义这些操作执行的顺序。Access 提出了 60 多种宏操作，表 7-1 列出了常用的宏操作及其功能。

表 7-1 常用的宏操作及功能

类别	操作命令	功 能
窗口管理	CloseWindow	关闭指定的窗口
	MaximizeWindow	最大化激活的窗口使之充满 Microsoft Access 窗口
	MinimizeWindow	最小化激活的窗口
	MoveAndSizeWindow	移动并调整激活窗口
	RestoreWindow	将最大化或最小化窗口还原到原来的大小

类别	操作命令	功　能
宏命令	CancelEvent	取消导致该宏运行的 Microsoft Access 事件
	ClearMacroError	消除 MacroError 对象的上一错误
	OnError	定义错误处理行为
	RunCode	执行 Visual Basic Function 过程
	RunDataMacro	运行数据宏
	RunMacro	执行一个宏，还可以从其他宏中执行宏
	RunMenuCommand	执行 Microsoft Access 菜单命令
	StopAllMacros	终止所有正在运行的宏
	StopMacro	终止当前正在运行的宏
筛选/查询/搜索	ApplyFilter	在表、窗体或报表中应用筛选、查询或 SQL 的 Where 子句，可限制或排序来自表中的记录，或来自窗体、报表的基础表或查询中的记录
	FindNextRecord	查找符合最近 FindRecord 操作或"查找"对话框中指定条件的下一条记录
	FindRecord	在活动的数据表、查询数据表、窗体数据表或窗体中查找符合条件的记录
	OpenQuery	打开查询
	Requery	实施指定控件重新查询，及刷新控件数据
数据导入/导出	ExportWithFormatting	将制定数据库对象中的数据输出为 Microsoft Excel、格式文本（.rtf）、文本（.txt）、HTML（.htm）或快照（.snp）格式
	WordMailMerge	执行"邮件合并"操作
数据库对象	GotoControl	将焦点移动到激活的数据表、窗体上指定的字段或控件上
	GoToPage	在活动窗口中，将焦点移到指定页的第一个控件上
	GotoRecord	在表、窗体或查询结果集中指定记录为当前记录
	OpenForm	在窗体视图、窗体设计视图、打印预览或数据表视图中打开窗体
	OpenReport	在设计视图或打印预览视图中打开报表或立即打印该报表
	OpenTable	在数据表视图、设计视图或打印预览视图中打开表
	PrintObject	打印当前对象
	PrintPreview	当前对象的"打印预览"
	SelectObject	选定指定的数据库对象

续表

类别	操作命令	功　能
数据输入操作	DeleteRecord	删除当前记录
	EditListItems	编辑查阅列表中的项
	SaveRecord	保存当前记录
系统命令	Beep	使计算机的扬声器发出嘟嘟声
	CloseDatabase	关闭当前数据库
	QuitAccess	退出 Microsoft Access
用户界面命令	AddMenu	创建全局菜单栏、全局快捷菜单、窗体或报表的自定义菜单栏
	MessageBox	显示包含警告信息或其他信息的消息框
	Redo	重复最近的用户操作
	UndoRecord	取消最近的用户操作

当选择了某一个宏操作后，在宏操作下方会出现该宏操作所对应的参数设置，通过对参数的设置来控制宏的执行方式。对于各个操作命令，其参数可能不同。把鼠标移动到参数的文本框上，会出现该参数的屏幕提示信息。

任务三　创建独立宏

创建宏的目的是为了通过执行宏中一系列的操作序列来完成某特定的任务，如打开窗体或报表等。创建宏的一般过程是先指定操作命令，再为每个操作设置相应的操作参数。

【**实例 7 - 1**】创建一个宏，其中包含 OpenReport 和 MessageBox 两个操作，运行后能打开"按系别分组的学生信息"报表和弹出一个显示"程序结束！"的消息框。

操作步骤：

1. 打开"教学管理系统"数据库，单击"创建"工具栏上的"宏"命令，即打开了宏的设计窗口，如图 7 - 4 所示。

2. 单击"添加新操作"右边的下拉列表框，选择操作"OpenReport"，出现该操作的参数列表，按图 7 - 5 所示设置参数。

图 7 - 4　宏设计窗口

图 7 - 5　打开报表宏参数设置

3. 用同样的方法选择操作命令"MessageBox"，并按图7-6所示设置参数。

图7-6 消息框参数设置

4. 单击"保存"命令将宏保存为"打开报表"。

5. 单击宏"设计"工具栏上的"运行"命令，可以看到在打开的报表"按系别分组的学生信息"上弹出一个消息框，该消息框显示的信息为"程序结束！"，如图7-7所示。

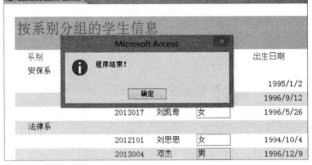

图7-7 "打开报表"宏运行结果

【实例7-2】创建一个宏，其中包含两个操作：打开"教师信息-表格式"窗体，将窗口最大化；同时要求只显示"职称"为"副教授"的教师信息。

操作步骤：

1. 打开"教学管理系统"数据库，单击"创建"工具栏上的"宏"命令，单击"添加新操作"右边的下拉列表框，选择操作"OpenForm"，出现该操作的参数列表，按图7-8所示设置各参数。

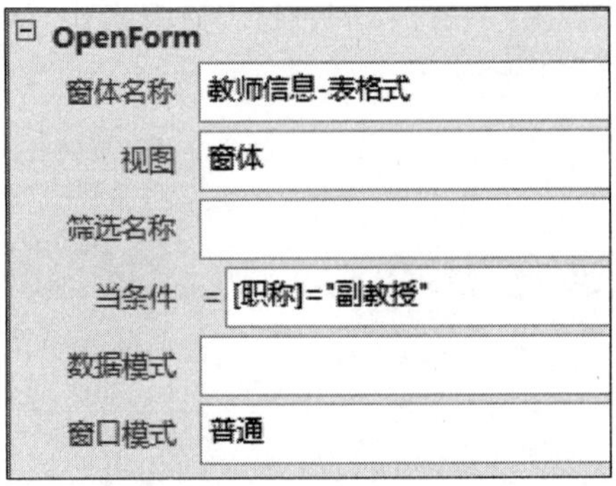

图7-8 打开窗体宏参数设置

2. 再添加一个操作命令"MaximizeWindow"，该操作不需要任何参数。

3. 单击工具栏上的"保存"命令，把宏保存为"打开窗体"。

4. 单击"运行"命令，可以看到运行的结果如图 7 - 9 所示。

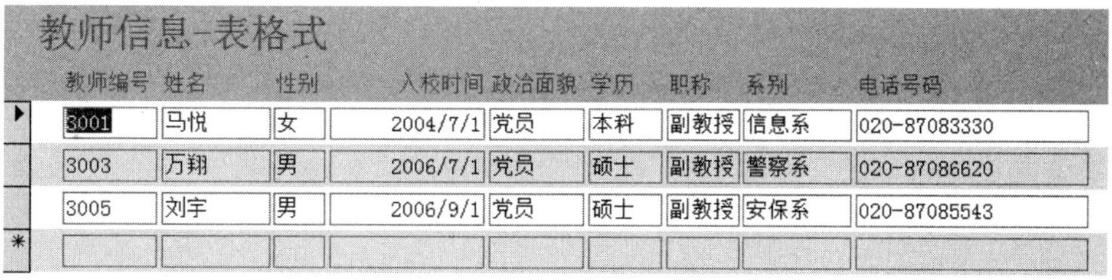

图 7 - 9　打开窗体宏运行结果

任务四　创建子宏

子宏中包含若干个宏，为了在子宏中区分各个不同的宏，需要为每个宏指定一个宏名。通常情况下，如果存在着许多宏，最好将相关的宏分到不同的宏组，这样将有助于数据库的管理。

【实例 7 - 3】设计如图 7 - 10 所示的窗体。当单击"各系学生人数查询"按钮时会统计各系学生人数，当单击"学生学分查询"时会统计各个学生所修课程的总学分。

图 7 - 10　"学生信息查询"窗体

操作步骤：

1. 打开"教学管理系统"数据库，选择"窗体"对象，单击"创建"工具栏上的"窗体设计"命令。

2. 在窗体设计视图中添加一个标签，内容为"学生信息查询"，接着添加两个按钮，按钮标题分别为"各系学生人数查询"和"学生学分查询"。

3. 在窗体主体节中间添加一个列表框，弹出列表框向导的第一个对话框，如图 7 - 11 所示，在此选择"使用列表框获取其他表或查询中的值"选项。

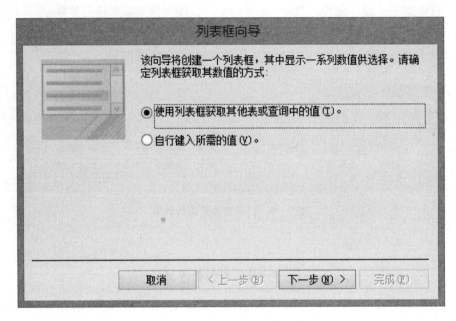

图 7 – 11　确定列表框获取数值的方式

　　4. 单击"下一步"按钮，弹出列表框向导的第二个对话框，在此选择"学生信息"表，如图 7 – 12 所示。

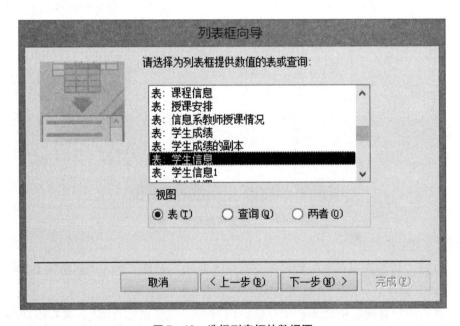

图 7 – 12　选择列表框的数据源

　　5. 单击"下一步"按钮，弹出列表框向导的第三个对话框，按图 7 – 13 所示选择所需要的字段。

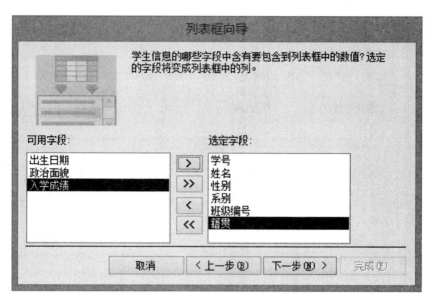

图7-13　选择数据源的字段

6. 单击"下一步"按钮，弹出列表框向导的第四个对话框，在此选择"学号"升序排序，如图7-14所示。

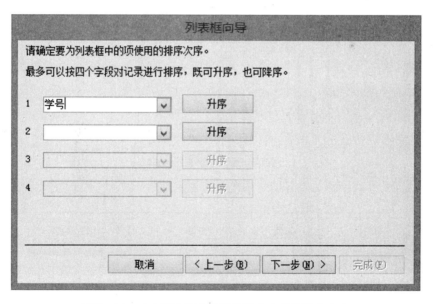

图7-14　确定列表框中使用的排序字段及排序方式

7. 单击"下一步"按钮，弹出列表框向导的第五个对话框，在此调整各字段的宽度，使之能够显示在列表框范围内，如图7-15所示。

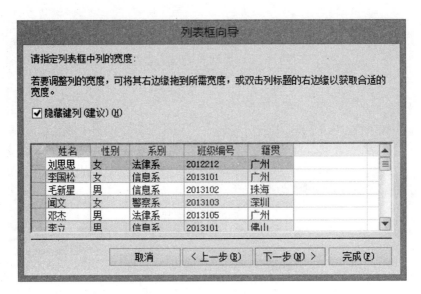

图 7－15　调整各列的宽度

8. 单击"下一步"按钮，弹出列表框向导的第六个对话框，在此输入列表框标签"学生信息"，如图 7－16 所示。

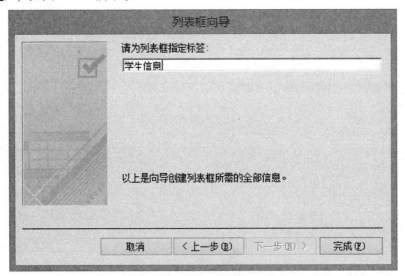

图 7－16　为列表框指定标签

9. 单击"完成"按钮完成列表框的数据源设置。

10. 单击"创建"工具栏上的"宏"命令，选择"OpenQuery"操作，并按图 7－17 设置该操作的参数。

11. 右键单击"OpenQuery"，在弹出的快捷菜单中选择"生成子宏程序块"命令，出现如图 7－18 所示的子宏，输入子宏的名称"人数统计"。

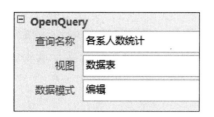

图 7-17　打开查询参数设置之一

图 7-18　添加子宏

12. 再添加一个打开查询的宏操作，用于打开查询"学生所修学分统计"，该宏的操作选"OpenQuery"，其参数按图 7-19 所示进行设置。

13. 用同样的方法把该宏操作设置为子宏，子宏名称为"学分统计"，如图 7-20 所示。

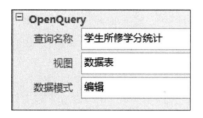

图 7-19　打开查询参数设置之二

图 7-20　添加第二个子宏

14. 单击"保存"命令把宏保存为"打开查询"并关闭该宏。

15. 回到本题的窗体设计视图，单击按钮"各系学生人数查询"，再单击工具栏上的"属性表"，设置该按钮的单击事件为宏"打开查询.人数统计"（如图 7-21 所示），关闭"属性表"。

16. 用同样的方法设置按钮"学生学分查询"的单击事件为宏"打开查询.学分统计"，关闭"属性表"。

17. 把窗体保存为"学生信息查询"。

18. 运行窗体，当单击按钮"各系学生人数查询"时会打开查询"各系人数统计"，当单击按钮"学生学分查询"时会打开"学生所修学分统计"查询。

图 7-21　在单击事件中调用宏

任务五　创建条件操作宏

条件操作宏是指在宏的某些操作中带有条件。这类宏在运行之前先判断条件是否满足，如果条件满足则执行当前操作命令，如果条件不满足，则不执行当前操作命令，而是判断下一行的条件，确定是否执行该行的操作命令。在宏的设计窗口中，每行的

"条件"设置只是对同一行"操作"命令有约束力,对其他行的操作不起约束作用。

宏的条件使用逻辑表达式来描述,表达式的真假结果决定是否执行宏的命令。

【实例7-4】创建一个"用户登录"窗体,并用宏来对输入的用户名和密码进行验证。如果输入的用户名和密码正确,单击"确定"按钮时,立即关闭"用户登录"窗体,接着打开"主界面"窗体。如果输入的用户名或密码不正确,则弹出一个"用户名或密码有误"的警告消息框,并清空文本框内容。如果单击"取消"按钮,则直接关闭该窗体。正确的用户名为"admin",正确的密码为"369369"。

操作步骤:

1. 打开"教学管理系统"数据库,选择"窗体"对象,创建如图7-22所示的窗体,并把窗体保存为"用户登录"。"用户名"文本框的名称为 user,"密码"文本框的名称为 psw,并设置其"数据"属性的"输入掩码"值为"密码"。

图7-22 用户登录窗体

2. 单击"保存"命令,把窗体保存为"用户登录"。

3. 选择"宏"对象,单击"创建"工具栏的"宏"命令,出现宏的设计视图窗口。

4. 双击"操作目录"窗格中"程序流程"下的"Submacro",在"宏设计器"窗格中出现"子宏"及其参数,把子宏命名为"确定",如图7-23所示。

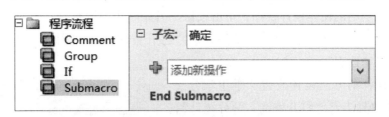

图7-23 添加"确定"子宏

5. 双击"操作目录"窗格中"程序流程"下的"If",在宏设计窗格中添加一个"条件"设置框,在 If 文本框内输入条件"[user] = "admin" And [psw] = "369369"",如图7-24所示。

6. 单击"添加新操作"右边的"∨",选择"CloseWindow"宏操作命令,其参数设置如图7-25所示。

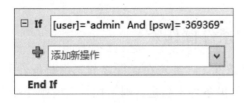

图7-24 添加条件宏条件之一

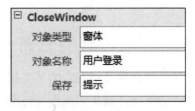

图7-25 关闭窗体宏操作设置

7. 在步骤5的If中继续添加宏操作"OpenForm"，其参数设置如图7-26所示。

8. 在步骤5的If中接着添加宏操作"StopMacro"，该操作没有参数。

9. 在子宏"确定"中再添加一个If条件，条件表达式为"［user］＜＞"admin" or ［psw］＜＞"369369""。

10. 在步骤9的If条件下，添加宏操作"MessageBox"，其参数设置如图7-27所示。

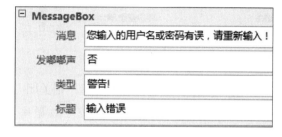

图7-26 打开窗体操作设置 图7-27 "MessageBox"操作的参数设置

11. 在步骤9的If条件下，接着添加宏操作"GoToControl"，其参数设置如图7-28所示。

12. 用同样的方法添加"取消"子宏，在该子宏中添加一个宏操作"CloseWindow"，其参数设置如图7-29所示。

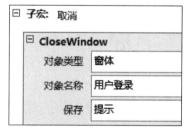

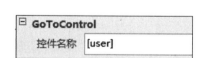

图7-28 "GoToControl"操作的参数设置 图7-29 "CloseWindow"操作的参数设置

13. 单击"保存"命令，把宏保存为"用户登录"。

14. 关闭"用户登录"宏。

15. 打开"用户登录"窗体的设计视图，右键单击"确定"按钮，在弹出的快捷菜单中选择"属性"命令，打开该按钮的"属性表"对话框，设置其"事件"选项卡的"单击"事件为"用户登录.确定"（如图7-30所示），关闭"属性表"对话框。

16. 用同样的方法设置"取消"按钮的单击事件为"用户登录.取消"。

17. 单击"保存"按钮。

18. 在窗体视图中打开"用户登录"窗体，并输入正确的用户名和密码，单击

"确定"按钮,则"用户登录"窗体被关闭,同时打开了"主界面"窗体。

19. 如果输入的用户名或密码与题目要求的不一致,则出现如图 7 – 31 所示的提示框。单击提示框上的"确定"按钮,光标回到用户名文本框处,用户可以重新输入。

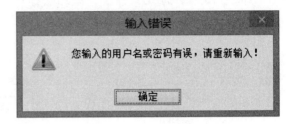

图 7 – 30　设置"确定"按钮的单击事件　　　　　　图 7 – 31　出错提示框

20. 如果直接单击"取消"按钮,则关闭"用户登录"窗体。

【实例 7 – 5】在"教学管理系统"数据库中创建一个条件宏,用于实现修改"教师信息 – 纵栏式"窗体时,必须填写"教师编号"字段,如果该字段为空,则出现一条警告信息。

操作步骤:

1. 打开"教学管理系统"数据库。

2. 创建如图 7 – 32 所示的"教师信息 – 纵栏式"窗体。

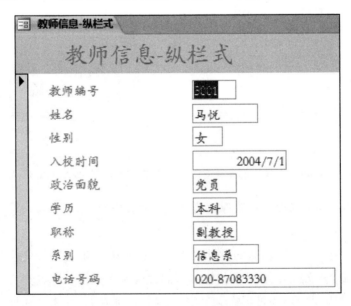

图 7 – 32　"教师信息 – 纵栏式"窗体

3. 单击"创建"工具栏上的"宏"按钮,进入宏设计视图窗口,双击"操作目录"窗格"程序流程"下的"If",If 条件的设置如图 7 – 33 所示。

4. 用同样的方法再添加一个 If 条件，其操作设置如图 7 – 34 所示。

图 7 – 33　第一个 If 条件设置

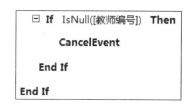

图 7 – 34　第二个 If 条件设置

5. 单击"保存"按钮把宏保存为"判断字段非空"。

6. 在设计视图下打开"教师信息 – 纵栏式"窗体，单击"教师编号"文本框，再单击工具栏上的"属性表"，选择"事件"选项卡，在"更新前"下拉列表中选择"判断字段非空"宏。如图 7 – 35 所示。

7. 切换到窗体视图，将"教师编号"字段中文本删除，再将鼠标移到其他地方单击，会出现警告信息对话框。如图 7 – 36 所示。

图 7 – 35　设置应用条件宏的字段

图 7 – 36　警告信息对话框

任务六　创建自动运行宏

Access 2010 自动运行宏的设置，可以通过创建名为"Autoexec"的宏来实现。当打开一个数据库时，系统首先查找名为 Autoexec 的宏，如果该宏存在，就自动运行。

【实例 7 – 6】创建自动运行的宏 Autoexec，使其在打开一个数据库时，自动打开"用户登录"窗体。

操作步骤：

1. 打开"教学管理系统"数据库，单击"创建"工具栏上的"宏"命令。

2. 添加宏操作"OpenForm"，其参数设置如图 7 – 37 所示。

3. 单击"保存"命令，把宏保存为"Autoexec"。

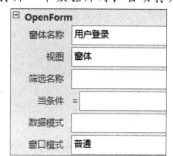

图 7 – 37　自动运行宏操作命令设置

4. 关闭"教学管理系统"数据库,当再次打开"教学管理系统"数据库时即自动打开"用户登录"窗体。

任务七　调试与运行宏

如果创建了宏,用户就可以在 Access 2010 中运行宏了。如果创建的宏存在错误,那么将不能正常执行。因此在运行宏之前,最好对其进行调试,以便修改错误。

一、调试宏

一般情况下,在运行宏之前,我们需要调试所创建的宏,检查其是否正确。

使用单步执行宏,可以观察宏的流程和每一个操作的结果,并且可以排除导致错误或产生非预期结果的操作。

单步执行宏的操作步骤:

1. 打开宏的设计视图。

2. 单击"宏工具"→"设计"→"工具"→"单步"按钮 ☜单步 ,再单击"工具"组中的"运行"按钮 ！ 。

3. 显示"单步执行宏"对话框,对话框中显示了当前操作的条件、操作名称以及参数等信息。

4. 根据需要执行不同的操作。

【实例7-7】利用单步执行运行【实例7-4】所创建的宏。

操作步骤:

1. 在设计视图中打开子宏"用户登录",单击"设计"工具栏上的"单步"命令。

2. 在窗体视图中打开"用户登录"窗体。

3. 在窗体的文本框中输入正确的用户名及错误的密码,然后单击"确定"按钮,即可打开"单步执行宏"对话框,如图7-38所示。

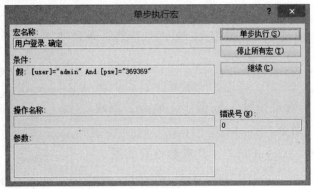

图7-38　"单步执行宏"对话框

4. 若单击"单步执行"按钮，执行"操作名称"下面显示的操作；若单击"停止所有宏"按钮，则停止宏的运行并关闭对话框；若单击"继续"按钮，则关闭单步执行，并执行宏的未完成部分。

二、运行宏

独立宏可以直接在导航窗格中运行、在宏组中运行、从另一个宏运行、从 VBA 模块中运行，或者通过窗体、报表或控件的事件响应而运行。

嵌入宏可以在设计视图、单击"运行"按钮 ![运行] 时运行，或者在与它相关联的事件被触发时自动运行。

运行宏有以下三种方式：

（一）直接运行宏

直接运行宏主要是为了对建立的宏进行调试。可以有以下四种方式：

1. 若要从宏的设计视图中执行宏，可以打开宏的设计视图，接着单击工具栏上的"运行"命令。

2. 若要从数据库窗口中运行宏，可以单击"宏"对象，然后双击相应的宏名。

3. 单击"数据库工具"菜单下的"运行宏"命令，然后从"执行宏"对话框中选择相应的宏名称，如图 7 – 39 所示。

4. 用鼠标右键单击要运行的宏，从快捷菜单中选择"运行"命令，可以直接运行该宏，对于含有子宏的宏，仅运行该宏中的第一个子宏。

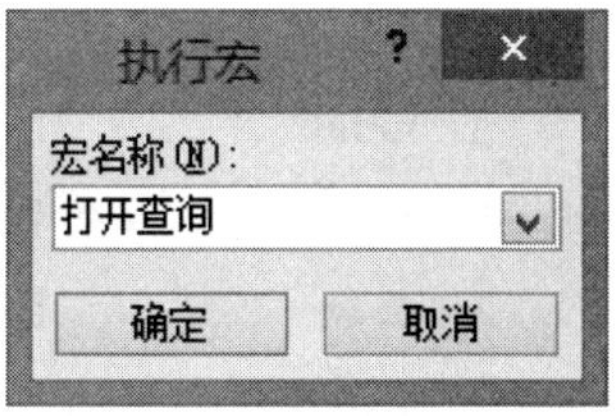

（二）从其他宏中运行宏

一个宏可以由另一个宏来调用，以完成复杂的工作。

图 7 – 39　"执行宏"对话框

可以先创建一个宏，该宏的"操作"为"RunMacro"，宏名属性设置为需要调用的宏的名称，在"重复次数"中输入宏重复执行的次数，并保存该宏。以后运行该宏时，即可在该宏中调用另一个宏。

创建调用其他宏的宏时，如果在"重复表达式"框中设定重复条件的表达式，则该表达式的结果为"假"时才停止重复。如果"重复次数"和"重复表达式"没有设置任何内容，则该宏只运行一次。如果"重复次数"中没有设置任何内容，而"重复表达式"的值总是"真"，则该宏将不停地循环下去。

（三）在窗体、报表或控件的事件中运行宏

通常情况下直接运行宏只是进行测试，可以在确保宏的设计无误后，将宏附加到窗体、报表或控件中，以对事件做出响应，也可以创建一个运行宏的自定义菜单命令。

Access 2010 可以对窗体、报表或控件中的多种类型事件做出响应，包括鼠标单击、数据更改以及窗体或报表的打开和关闭等。

在 Access 2010 窗体、报表或控件上添加宏以响应某个事件，其操作步骤如下：

1. 创建宏或事件过程；

2. 在设计视图中打开窗体或报表；

3. 将窗体、报表或控件的适当属性设置为宏的名称。

习 题

一、选择题

1. 宏是指一个或多个（　　）。

A. 命令集合　　　　B. 对象集合　　　　C. 操作集合　　　　D. 条件表达式集合

2. 有关宏的下列说法错误的是（　　）。

A. 宏的条件表达式中不能引用窗体或报表的控件值

B. 所有宏操作都可以转化为相应的模块代码

C. 使用宏可以启动其他应用程序

D. 可以利用宏组来管理相关的一系列宏

3. 为窗体或报表上的控件设置属性值的宏命令是（　　）。

A. Echo　　　　　B. SetValue　　　　C. MsgBox　　　　D. Beep

4. 运行宏时，如果要在某些特定情况下执行某个操作，应该使用（　　）。

A. 函数　　　　　B. 条件表达式　　　C. If…Then 语句　　D. Auto

5. 使用宏组的目的是（　　）。

A. 设计出功能复杂的宏　　　　　　　B. 设计包含大量操作的宏

C. 对多个宏操作进行组织和管理　　　D. 减少程序内存消耗

6. 创建宏时不用定义（　　）。

A. 宏名　　　　　B. 宏操作对象　　　C. 宏操作目标　　　D. 窗体控件的属性

7. 在 Access 中，用来打开窗体的宏命令是（　　）。

A. OpenTable　　B. OpenForm　　　C. OpenQuery　　　D. OpenReport

8. 在 Access 中，操作命令 OpenQuery 用于（　　）。

A. 打开窗体　　　　　　　　　　　B. 打开报表

C. 打开查询　　　　　　　　　　　D. 打开数据访问页

9. 在 Access 中调用宏组中宏的格式是（　　）。

A. 宏组名！宏名　　　　　　　　　B. 宏组名 . 宏名

C. 宏组名 ［宏名］　　　　　　　　D. 宏组名 " 宏名 "

10. 表达式 IsNull（［名字］）的含义是（　　　）。

A. 没有"名字"字段　　　　　　　　B. "名字"字段值是空值

C. "名字"字段值是空字符串　　　　D. 检查"名字"字段名的有效性

11. 用于查找满足条件的下一条记录的宏命令是（　　　）。

A. FindNext　　　　B. FindRecord　　　C. GotoRecord　　　D. Requery

12. 属于运行和控制流程的宏操作是（　　　）。

A. Close　　　　　　　　　　　　B. Quit

C. RunCommand　　　　　　　　D. Restore

13. 下面关于"宏"与 VBA 叙述正确的是（　　　）。

A. 任何宏操作都可以通过编写相应的 VBA 代码实现其功能

B. 对于任何事物性、重复性较强的操作应使用宏命令

C. 任何宏都可以转换为等价的 VBA 代码

D. 以上都正确

14. 在宏的操作参数中，不能设置成表达式的操作是（　　　）。

A. Close　　　　　B. Save　　　　　C. OutputTo　　　D. A、B 和 C

15. 以下能用宏而不需要 VBA 就能完成的操作是（　　　）。

A. 事物性或重复性的操作　　　　　B. 数据库的复杂操作和维护

C. 自定义过程的创建和使用　　　　D. 一些错误过程

二、填空题

1. 在 Access 中由_____来创建宏。

2. 由多个操作所构成的宏，执行时按_____依次执行。

3. 当宏与宏组创建完成后，如果产生宏操作必须运行_____。

4. 宏是 Access 数据库的一个_____，它的主要功能是_____。

5. 宏组是_____的集合，为了区分宏组的各个宏，需要为每一个宏指定一个_____。

6. 在 Access 中，如果要退出 Access，使用_____命令；如果要关闭窗体，使用_____命令。

7. 如果要通过宏首先打开一个表，然后再打开一个窗体，那么在该宏中应该使用的两个操作命令分别是_____和_____。

8. 条件宏的逻辑表达式的返回值是_____和_____。

9. 每次打开数据库时能自动运行的宏是_____。

10. 对于带条件的宏来说，其中的操作是否执行取决于_____。

三、实训题

1. 设计一个窗体，用于显示用户输入学号的学生的所有成绩记录，要求学生成绩记录用另一个窗体显示。（用宏实现按钮操作）

2. 设计一个窗体，显示用户输入课程编号的学生的所有成绩记录，要求学生成绩记录在同一个窗体中显示。（用宏实现按钮操作）

项目八

模块与VBA编程

 知识能力与目标

◇ 掌握模块的创建与应用；

◇ 了解 VBA 编程的基本概念；

◇ 掌握 VBA 程序控制语句；

◇ 掌握 VBA 程序的过程和函数的调用；

◇ 掌握 VBA 的数据库编程技术。

任务一　模块的基本概念

在 Access 中，模块是数据库的对象之一，它是以 VBA（Visual Basic for Applications）语言编写，由声明语句和函数过程（Function）组成的集合。模块由一个或多个过程组成，每个过程实现一个或几个功能。

模块和宏具有相似的功能，都可以完成事件的响应处理，比如打开和关闭窗体、报表等。但是，宏有一定的局限性：宏只能处理简单的操作；另外，宏对数据库对象的处理能力比较弱。而模块可以将各种数据库对象连接起来，使用模块可以在实际开发中实现较为复杂的功能。

在 Access 中，模块分为类模块和标准模块两种类型。

一、类模块

类模块是包含代码和数据的集合，总是与某一特定的窗体或报表相关联。窗体模块和报表模块都属于类模块，它们各自属于相关联的窗体或报表。窗体和报表模块通常都含有事件过程，事件过程是一组代码，用于响应窗体事件或报表事件。也可以创建新事件过程来控制窗体或报表的行为。

在为窗体或报表创建第一个事件过程时，Access 会自动创建与之关联的窗体或报表模块。单击窗体或报表"设计"视图中工具栏上的"代码"命令，可以查看窗体或报表的模块。窗体模块和报表模块具有局部特性，其作用范围仅限于其所属窗体和报表内部，生命周期也会伴随着窗体和报表的打开而开始，随着其关闭而结束。

二、标准模块

标准模块是 Access 数据库的对象之一，实质上就是没有界面的 VBA 程序。标准模块具有很强的通用性，通常设计一些公共变量或过程，供窗体、报表等对象中的类模块调用。在 Access 中可以通过创建新的模块对象而进入其代码设计环境。

应用程序可以从任何其他对象中引用标准模块的过程，标准模块内部也可以定义模块级变量和过程供本模块内部使用。

标准模块中的全局变量和过程具有局部特性，其作用范围为整个数据库应用系统，随着数据库应用系统的运行或关闭，其生命周期也开始或结束。

任务二　创建模块

一、创建模块

模块的创建方法和 Access 中其他对象创建方法一样，在"教学管理系统"数据库窗口中单击【创建】菜单，选择"模块"对象，进入 VBA 代码编辑窗口，如图 8-1 所示。模块是子过程 Sub 和函数过程 Function 的组合。

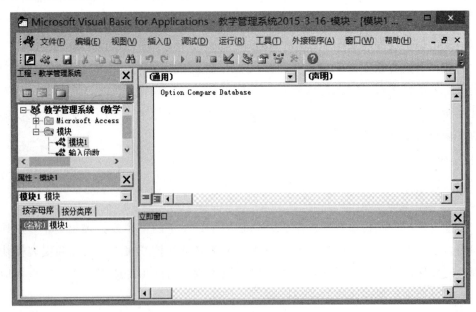

图 8-1　VBA 代码编辑窗口

二、在模块中加入过程

在 Access 中，创建类模块的方法是使用窗体和报表的设计视图，单击工具栏"代码"按钮或者创建窗体和报表的事件过程，即可进入类模块的设计和编辑窗口。而创建标准模块的方法是单击数据库窗口中的"模块"对象标签，然后单击"新建"按钮即可进入标准模块的设计和编辑窗口。

每一个模块包含声明区域，且可以包含一个或多个子过程或函数过程。其中声明区是用来定义模块使用的变量等。

（一）子过程 Sub 的定义

子过程由一系列 VBA 语句组成，执行一系列的操作，没有返回值。定义格式如下：

［Private|Public］Sub　过程名(［形式参数表］)

［程序块］

End　Sub

其中，Private 表示本过程为模块级过程，可以被同一模块中其他的过程调用；Public 表示该过程是全局过程，在整个数据库应用系统的各个模块中均有效。

在子过程的定义中，"Sub　过程名"和"End　Sub"是不能省略的，它们分别表示子过程定义的开始与结束。

通过使用关键字 Call 和过程名来调用子过程。其中，关键字 Call 可以省略。例如：

Call　　子过程名(［实际参数表］)

或

过程名(［实际参数表］)

在子过程的内部不可以再定义一个其他的子过程，但是可以调用其他子过程。

（二）函数过程 Function 的定义

函数过程也称为函数，也由一系列 VBA 语句组成，执行一系列的操作，与子过程不同的是函数过程有返回值。定义格式如下：

［Private|Public］Function　函数过程名(［形式参数表］)　［As(返回值)数据类型］

［程序块］

End　Function

其中，Private 与 Public 的含义与子过程一样。As 数据类型子句是 Function 函数过程返回值的类型，如果省略不写，函数返回值默认为变体型。

函数过程的调用和子过程不同，函数过程不能使用 Call 来调用，而是直接引用函数过程名。调用函数的一般格式为：

函数过程名(［实际参数表］)

（三）过程的创建

以通用过程为例来介绍过程的创建步骤：

1. 在"教学管理系统"数据库窗口中单击"创建"→"模块"，进入模块代码编辑器。

2. 在窗体代码编辑器或者模块代码编辑器中单击"插入"→"过程"菜单命令，打开"添加过程"对话框，如图8-2所示。

图8-2 "添加过程"对话框

3. 在"添加过程"对话框中输入新建过程的名称：Mytest。

4. 在"添加过程"对话框的"类型"选项组中选择过程的类型为"子程序"。

5. 在"添加过程"对话框的"范围"选项组中确定新建过程是公有的。

6. 单击"确定"按钮，返回到代码窗口，如图8-3所示：

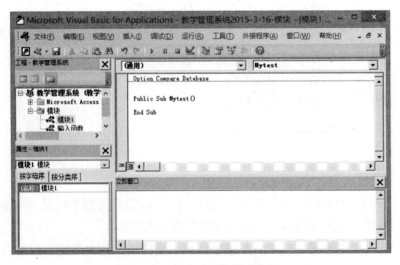

图8-3 新建过程的代码窗口

7. 在代码窗口中编写程序语句。

任务三　VBA 编程环境

一、启动 VBE 编辑器

在 Access 中，编写程序可以利用 Visual Basic 编辑器 VBE（Visual Basic Editor）。打开 VBE 窗口有以下三种方法：

（一）利用模块启动

在数据库窗口中单击"创建"菜单，选择"模块"对象，就可以启动 VBE 了。

（二）利用事件过程启动

1. 在 Access 窗体或报表的设计视图中，选中要添加事件的控件，打开该控件的"属性表"对话框。以按钮控件为例，如图 8 – 4 所示。

图 8 – 4　命令按钮"属性表"对话框

2. 在"属性表"对话框中选择"事件"选项卡，单击"单击"事件文本框右侧的"…"按钮打开"选择生成器"对话框，如图 8 – 5 所示。

3. 在对话框中选择其中的"代码生成器"选项，单击"确定"按钮即可打开 VBE 窗口。

（三）利用菜单启动

单击菜单栏的"数据库工具"→"Visual Basic"。

图 8 – 5　"选择生成器"对话框

二、VBE 窗口

VBE 编辑器（简称 VBE）是编辑 VBA 代码时使用的界面。VBE 窗口主要由标准工具栏、工程窗口、属性窗口、代码窗口和立即窗口等组成，如图 8 – 6 所示。

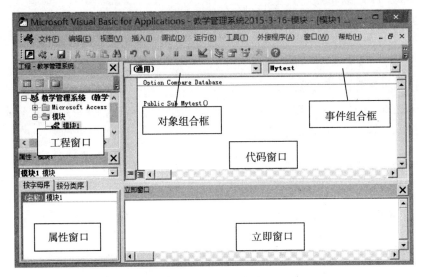

图 8 – 6　VBE 窗口

（一）工程窗口

工程窗口又称为工程资料管理器，在工程窗口的列表框中列出了应用程序所有的模块文件，选择一个模块文件，单击"查看代码"按钮可以打开相应的代码窗口；单击"查看对象"按钮可以打开对应的对象窗口。双击工程窗口中的一个模块或类，可以直接打开其代码窗口。

（二）代码窗口

代码窗口由对象组合框、事件组合框和代码编辑区三部分组成。在代码窗口可以编写、显示 VBA 程序代码。可以同时打开多个代码窗口查看不同窗体或模块中的代码，并且在代码窗口之间可以进行复制和粘贴。

（三）属性窗口

属性窗口中列出了所选对象的各种属性，分"按字母序"和"按分类序"两种格式来查看属性。可以直接在属性窗口中编辑对象的属性，这种方法称为对象属性的一种"静态"设置方法。此外，还可以在代码窗口内用 VBA 代码编辑对象的属性，这属于对象属性的"动态"设置方法。

值得注意的是，如果要在属性窗口中显示 Access 类对象，必须先在设计视图中打开对象。

（四）立即窗口

立即窗口是用来进行快速表达式计算、简单方法的操作及进行程序测试的工作窗口。在编写代码过程中，如果要在立即窗口中打印变量或表达式的值，可以使用 Debug. Print 语句。立即窗口是一个测试的工作窗口，是一个中间结果暂存窗口，其中的代码是不可以存储的。

三、编写 VBA 代码

VBA 代码是由语句组成的，一条语句就是一行代码。比如：

IntCount = 5　　　　　　　　'将 5 赋值给变量 IntCount

Debug. Print　IntCount　　　'在立即窗口打印变量 IntCount 的值 5

在 VBA 中不能保存单独的语句，必须把语句组织起来放在过程中。比如，上面的两条语句必须写入一个自定义的子过程中。

```
Sub　MyTest( )
    Dim　IntCount　As Integer
    IntCount = 5
    Debug. Print　IntCount
End Sub
```

在 Access 中，VBE 编辑环境提供了完整的开发和调试工具。其中的代码窗口顶部包含两个组合框，左侧为对象列表，右侧为事件列表。从对象列表中选定一个对象后，事件列表中会列出该对象的所有事件过程，再从该列表选项中选择某个事件名称，系统会自动生成相应的事件过程模块，用户直接添加代码即可。双击工程窗口中的任何类或对象都可以在代码窗口出现。

任务四　VBA 程序设计

VBA（Visual Basic for Applications）是一种可视化的、面向对象的、采用事件驱动的结构化程序设计语言，是一种 Visual Basic 简化的宏语言，是 Office 内置的编程语言。其基本语法、词法与 Visual Basic 基本相同，因而具有简单、易学的特点。在 VBA 中，程序是由过程组成的，一个程序包括语句、变量、运算符、函数、数据库对象、事件等。

VBA 与 Visual Basic 不同：一是 VBA 并不是一个独立的开发工具；二是其必须嵌入到 Word、Excel、Access 中，才具有程序开发功能。

一、面向对象程序设计的基本概念

（一）对象

在面向对象程序设计语言中，程序处理的目标被称为一个对象，每个对象具有各自的属性、方法和事件。用户就是通过属性、方法和事件来对对象进行处理的。

（二）对象的属性

用来描述对象特征的数据称为对象的属性，在 VBA 中每个对象都有自己的属性，如窗体的名称（Name）属性、标题（Caption）属性等。在创建对象时可以给对象设置属性值，也可以在程序中改变对象的属性值。其语法格式如下：

对象名 . 属性名称

比如：一个文本框的字体颜色属性可以描述为：Text. ForeColor。

VBA 中常用的属性说明如表 8 – 1 所示。

表 8 – 1　VBA 中的常用属性

属性名称	属性描述
Name	名称，设置对象的名字
BackColor	背景颜色，设置控件的内部颜色
BackStyle	背景样式，设置控件是否透明
Caption	标题，设置对象的标题
ControlSource	控件来源，设置控件中显示的数据
DefaultValue	默认值，新建记录时自动设置给字段的值
Enabled	可用，设置控件是否可用
Visible	可见，显示或隐藏对象
FontBold	字体粗细，设置文本是否为粗体
FontItalic	倾斜字体，设置文本是否为斜体
FontName	字体名称，设置文本的字体
FontSize	字号，设置文本的大小，单位：磅值
Height	高度，设置对象的高度
Width	宽度，设置对象的宽度
Left	左边距，设置对象在窗体或报表中的位置
Top	上边距，设置对象在窗体或报表中的位置

对象的属性值可以区别于其他对象，通过设置对象的属性值来更改对象的特征，语法格式如下：

对象.属性 = 属性值

比如：

Text1. FontName = " 黑体"　　 ′设置文本框 Text1 的字体为 "黑体"

（三）对象的方法

对象的方法是对象可以完成的某个动作，用来描述对象的行为。方法是固定属于某一个对象的，不同的对象能使用的方法不同。在 VBA 中，调用一个对象的方法格式是方法名前加对象名，并用对象引用符 "." 连接。

比如，要显示窗体 Form1，语法格式如下：

Form1. show

其中 Form1 是窗体的名称，show 是窗体的一个方法，含义是显示窗体 Form1。

（四）对象的事件和事件过程

事件是对象可以识别的动作，不同的对象可以触发不同的事件，而且每个对象都有多种相关的事件，比如键盘事件、鼠标事件、窗口事件等。

1. 键盘事件。是操作键盘时引发的事件，可以分为按下键（KeyDown）、释放键（KeyUp）、击键（KeyPress）等。

2. 鼠标事件。是操作鼠标时引发的事件，可以分为单击（Click）、双击（DblClick）、鼠标移动（MouseMove）、鼠标按下（MouseDown）和鼠标释放（MouseUp）等。

3. 窗口事件。是操作窗口时引发的事件。常用的窗口事件有打开（Open）、加载（Load）、调整大小（Resize）、激活（Activate）、成为当前（Current）、卸载（Unload）、停用（Deactivate）和关闭（Close）。对于报表，Open 事件发生在报表被预览或被打印之前。

4. 对象事件。主要指选择对象进行操作时所引发的事件。常用的对象事件有获得焦点（GotFocus）、失去焦点（LostFocus）、更新后（AfterUpdate）和更改（Change）等。

5. 操作事件。是指与操作数据相关的事件，常用的操作事件有删除（Delete）、插入前（BeforeInsert）、插入后（AfterInsert）、成为当前（Current）、不在列表中（NotInList）、确认删除前（BeforeDelConfirm）和确认删除后（AfterDelConfirm）等。

在 VBA 中，对象事件的语法格式如下：

对象__事件名称

比如，对窗体 Form1 的 "单击" 事件格式为：

Form1 __Click

事件过程：对象在识别了所发生的事件后所执行的程序。

【实例 8-1】按钮 Command1 的"单击"事件：单击按钮 Command1 之后将文本框 Text1 中的字号更改为 16。

```
Private Sub Command1_Click()
    Text1.FontSize = 16
End Sub
```

（五）类

类是对一类相似对象的定义和描述。这些对象都具有相同性质、相同种类的属性和方法。因此类可看作是对象的模板，每个对象由类来定义。虽然方法定义在类中，但是方法的执行是由对象而不是类来进行的。

二、数据类型

在高级语言中，对所有的数据进行了分类，不同类型数据的处理方式和取值范围不同。VBA 中提供了系统定义的标准数据类型，同时也允许用户根据需要来定义数据类型。VBA 标准数据类型如表 8-2 所示。

表 8-2　VBA 中的数据类型

数据类型	关键字	类型符	占字节数	取值范围
字符型	String	$	由字符串的长度决定	定长字符串：0~65 535 变长字符串：0~20 亿个字符
整型	Integer	%	2	-32 768~32 767
长整型	Long	&	4	-2 147 483 648~2 147 483 647
单精度型	Single	!	4	负数：-3.402823E38~-1.401298E-45 正数：1.401298E-45~3.402823E38
双精度型	Double	#	8	负数：-1.79769313486231E30~-4.94065645841247E-324 正数：4.94065645841247E-324~1.79769313486231E30
小数型	Decimal		14	小数点右边的数字个数为：0~28
货币型	Currency	@	8	-922337203685477.5808~922337203685477.580
日期型	Date		8	01/01/100~12/31/9999
逻辑型	Boolean		2	True/False
对象型	Object		4	
变体型	Variant		不定	
字节型	Byte		1	0~255

表中的几种数据类型补充说明如下：

（一）布尔型

布尔型数据只有两个值，即 True 或 False，分别表示"真"和"假"。当布尔型数据转换为其他类型数据时，Ture 转换为 -1，False 转换为 0；其他类型数据转换为布尔型数据时，0 转换为 False，其他数据转换为 Ture。

（二）日期型

"日期/时间"类型数据必须前后用"#"号封住。比如：#2014 - 1 - 1#、#2014 - 10 - 1 12：28：00 PM#。

（三）变体型

变体型数据是 VBA 中一种特殊的数据类型，可以表示任何值，包括数值、字符串和日期等。在 VBA 中规定，如果没有类型声明的变量默认为变体型。

三、变量和常量

在 VBA 中，数据是存放在变量和常量中的。其中，常量在程序运行期间，存放的数据始终是不改变的，而变量是程序运行过程中值会发生变化的数据。

VBA 中常量和变量的命名规则如下：

1. 常量/变量的名字必须以字母或汉字开头，后可跟字母、数字或下划线。

2. 常量名/变量名最长为 255 个字符。

3. 常量名/变量名不区分大小写。

4. 常量名/变量名不能使用 VBA 中的关键字，比如 Dim、Const 等。

5. 字符之间必须并排书写，不能出现上、下标。

（一）常量的定义

在 VBA 中，常量是在程序中直接引用的实际值，在程序运行过程中其值是不变的。常量可以分为四种：直接常量、符号常量、系统常量和固有常量。

1. 直接常量。直接使用数值或字符串值，比如 16、"Access"。

2. 符号常量。对于一些特殊的经常使用的直接常量，可以用符号常量来表示，这样可以提高程序的可读性和可维护性。符号常量定义的语法格式如下：

Const　常量名 = 常量值

比如：

Const　TotalNum = 52

Const　PI = 3. 1415

符号常量会覆盖全局或模块，在定义符号常量时不需要指定该常量的数据类型，

VBA 会自动确定该常量的数据类型。

值得注意的是：为了和变量加以区分，符号常量名一般大写。

3. 系统常量。在 Access 中有一些在系统启动时就定义了的系统常量，如 True、False 和 Null 等。

4. 固有常量。VBA 中定义了一些内部的符号常量，叫固有常量。系统常量用前两个小写字母来指明该常量的对象库。比如，以"vb"开头表示是来自 VB 库的常量，而以"ac"开头表示是来自 Access 的常量。

（二）变量的定义

变量与常量不同，在程序运行过程中其值是变化的。在使用变量前，必须先在程序中声明变量名及其数据类型，这时系统会根据其数据类型来为变量分配存储单元。

在 VBA 中，变量声明有三种方法：

1. 显式声明。VBA 中定义变量的语法格式如下：

Dim   变量名　［As 数据类型］

Static 变量名　［As 数据类型］

Private 变量名　［As 数据类型］

Public 变量名　［As 数据类型］

格式中的 Dim、Static、Private、Public 是一个 VBA 命令，表示用于定义变量；As 是关键字，用于指定变量的数据类型。

比如：Dim A As Integer　　　　　　　'定义变量 A 为整型

2. 隐含声明。在 VBA 中，如果用户在程序中没有声明变量，直接使用，称为隐式声明。所有隐式声明的变量都默认是变体型 Variant。

比如：Dim B,C,　　　　　　　　'变量 B,C 为变体型 Variant

3. 强制声明。在默认情况下，可以在 VBA 中使用未声明的变量。如果强制要求所有变量必须定义才能使用，那么需要在模块设计窗口的顶部"通用—声明"区域中，加入语句：Option Explicit，这时为当前模块设置了自动变量声明功能。如图 8－7 所示。

图 8－7　代码窗口的"通用声明"

或者，在 VBE 窗口中单击菜单命令"工具"，打开"选项"对话框，在对话框中选中"要求变量声明"选项。这时为所有模块都启用自动变量声明功能。如图 8 - 8 所示。

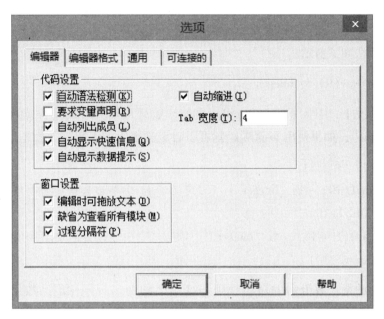

图 8 - 8　VBE "选项" 对话框

（三）变量的作用域

在 VBA 中，变量定义的方式和位置不同，变量的生命周期和作用范围也是不同的。变量有三个级别的作用域。

1. 局部变量（Local）。局部变量定义在模块过程的内部，执行该模块过程才起作用。在子过程或函数过程中定义的或直接使用的变量都是局部变量。

2. 模块变量（Module）。模块变量定义在模块的所有过程之外的起始位置，在模块所包含的所有子过程或函数运行过程中都可以使用。在模块的通用声明区，用 Dim、Static、Private 等关键字定义的变量都是模块变量。

3. 全局变量（Public）。全局变量定义在标准模块的所有过程之外的起始位置，在程序运行时，全局变量在类模块和标准模块的所有子过程或函数过程中都是可用的。

在标准模块的通用声明区，用 Public…As 关键字定义的变量是全局变量。全局变量的生命周期是从变量定义语句所在的过程第一次运行，到程序代码执行完毕并将控制权交回调用它的过程为止。

四、数组

数组是由一组具有相同数据类型的变量所构成的集合。数组中的变量称为数组元素，用数字下标来标示数组中的变量。

使用数组之前必须先定义。在定义时要说明数组的数据类型、数组的大小和作用范围。可以使用 Dim、Static、Private 或 Public 语句来定义数组，语法格式如下：

Dim 数组名([<下标下限> to] <下标上限>)[As <数据类型>]

定义一个下界默认为 0、上界为 9 共 10 个数据元素的数组，并且每个数据元素都是整型的，语法如下所示：

Dim MyArray(9) As Integer

在默认情况下，下标下限为 0，可以省略，数组元素从"数组名（0）"至"数组名（下标上限）"；如果使用 to 选项，则可以自定义数组的下限。下面是数组的两种不同定义方式，请注意区分：

Dim Array1(10) As Integer '定义了 11 个整形数构成的数组,数组元素为 Array1(0) 至 Array1(10)

Dim Array2(1 to 10) As Integer '定义了 10 个元素的整型数组,数组元素为 Array2(1) 至 Array2(10)

值得注意的是：数组名的命名规则与变量名的命名规则相同。数组"下界"和"上界"不能使用变量，必须是常量，一般是整型的。

数组有两种类型：静态数组和动态数组。

1. 静态数组：在定义数组时，数组的大小已被指定，系统已经为该数组分配好了存储空间。这种数组在程序运行过程中不能随意地改变数组元素的个数。

2. 动态数组：在定义时，没有指定数组的大小，程序运行时数组的大小可以改变。

五、二维数组

在 VBA 中可以定义二维数组和多维数组。以二维数组为例，语法格式如下所示：

Dim 数组名([<下界> to] <上界>,[<下界> to] <上界>)[As <数据类型>]

比如：

Dim Array3(1 To 2, 1 To2) As Integer

上面定义的二维数组中数据元素分别表示为：

Array3(1,1)   Array3(1,2)
Array3(2,1)   Array3(2,2)

六、运算符和表达式

在 VBA 编程语言中，提供了多种运算符来完成对数据的各种运算和处理。主要包括四种类型的运算符：算术运算符、关系运算符、逻辑运算符和连接运算符，分别构成了算术表达式、关系表达式、逻辑表达式和字符表达式。

（一）算术运算符和算术表达式

算术运算符是用来进行数学计算的运算符。表 8 - 3 中列出了 8 种运算符以及对应的表达式。其中运算优先级表示当算术表达式中含有多个运算符时，先进行哪个运算。

表 8 - 3　VBA 中的算术运算符

运算符	含　义	表达式	运算优先级
^	乘方	X^2	1
−	负号	− x	2
*	乘	x * y * z	3
/	除	x/y	3
\	整除	z \ 3	4
Mod	取余	x Mod 2	5
+	加	x + 3	6
−	减	x − 2	6

（二）关系运算符和关系表达式

关系运算符也称为比较运算符，功能是比较两个操作数的大小。关系表达式由操作数和关系运算符组成。关系表达式的运算结果是一个逻辑值，如果关系成立，返回 True，否则，返回 False。操作数可以是数值型，也可以是字符型。表 8 - 4 列出了 VBA 中的关系运算符。

表 8 - 4　VBA 中的关系运算符

运算符	含　义	表达式	结果
=	等于	"abcd" = "bcd"	False
>	大于	"22" > "15"	True
> =	大于等于	"16" > = "28"	False
<	小于	"18" < "25"	True
< =	小于等于	"25" < = "30"	False
< >	不等于	"abcd" < > "ABCD"	True
Like	字符串部分匹配	"ABCD"Like" * BC * "	True

在关系运算中有两点值得注意：

1. 关系运算的优先级是相同的，运算顺序从左到右。

2. 字符型操作数，是按字符的 ASCⅡ码值从左到右一一比较，当出现不同的字符时结束。比如：

"abcde" > "abcdf"　　　　运算结果为 False

"ABCDE" <> "ABCDF"　　　　运算结果为 True

（三）逻辑运算符和逻辑表达式

在 VBA 编程中，逻辑运算也叫布尔运算，包括与（And）、或（Or）和非（Not）三种类型。逻辑运算的操作数和结果均为逻辑值，运算法则如表 8-5 所示。

表 8-5　VBA 中的逻辑运算表

操作数 X	操作数 Y	X And Y	X Or Y	Not X
True	True	True	True	False
True	False	False	True	False
False	True	False	True	True
False	False	False	False	True

比如：

Dim　A　　　　　　　　　　　　　　　　　'定义变量 A

A = ("abcd" > "abce"　And　2 > 1)　　　'返回 False

A = ("abcd" > "abce"　Or　2 > 1)　　　'返回 True

A = Not("abcd" > "abce")　　　　　　　'返回 True

（四）连接运算符和字符串表达式

在 VBA 中，"&" 是连接运算符，将两个字符串连接在一起，形成一个字符串。比如，字符串表达式"Access" & "2010" 的运行结果是："Access 2010"。表达式中的字符串必须用""括起来。

需要注意的是，连接运算符 "&" 和字符串变量一起使用时，变量和运算符 "&" 中间应加一个空格，比如，表达式 x&y 是不正确的，正确的表达式应该是：x & y。

七、常用的标准函数

VBA 提供了大量内置的标准函数，可以方便完成许多操作。当然对于一些特定功能可以在模块创建中定义子过程与函数过程来完成。

标准函数一般用于表达式中，有的能和语句一样使用。语法格式如下所示：

函数名（<参数 1> <,参数 2>[,参数 3][,参数 4][,参数 5]…）

其中，函数名必不可少，函数的参数放在函数名后的圆括号中，参数之间用 ","

隔开。参数可以是常量、变量或表达式，可以有一个或多个，也有少数函数为无参函数。函数在被调用时都返回一个特定类型的值。

VBA 中的标准函数可以分为：数学函数、字符函数、时间/日期函数、转换函数和随机函数等。

八、输入输出函数和过程

一个程序是离不开数据的输入与输出的。程序在运行过程中所需要的原始数据通过输入语句来完成，而运行结果通过输出语句来输出。在 VBA 中，程序中数据的输入和输出是通过相应的函数来实现的。比如输入函数 InputBox（）和输出函数 MsgBox（）。

（一）InputBox（）函数

输入函数 InputBox（）是 VBA 中用于输入数据的函数，该函数会显示一个对话框。

功能：为用户提供数据录入窗口，在对话框中有提示信息和文本框，当用户输入数据，单击"确定"按钮返回用户录入的 String 类型的文本，如果单击"取消"按钮则是返回空文本。然后根据用户录入的字符决定下一步的操作。语法格式：

InputBox(prompt[，title][，default][，xpos][，ypos])

其中第一参数 prompt 是必选参数，其余参数为可选参数。可选的参数能省略，但是分隔符"，"不能省略。一般情况下，只用前面三个参数。各参数的详细解释如表8 - 6 所示。

表 8 - 6　InputBox 的参数表

参数	描　述
Prompt	必选。字符串表达式。用于显示对话框中的提示信息 prompt 的最大长度大约为 1024 个字符。promp 的内容可以自动换行，可以在每一行之间用回车符［Chr（13）］、换行符［Chr（10）］或是回车与换行符的组合［Chr（13）& Chr（10）］进行换行
Title	可选。对话框的标题，如果省略 title，则把应用程序名放入标题栏中
Default	可选。设置文本框中所显示的信息，可以省略。当用户没有输入数据时，默认值作为文本框的输入值。省略该参数时，则默认值是空白
Xpos	可选。数值表达式，成对出现，指定对话框的左边与屏幕左边的水平距离。如果省略 xpos，则对话框会在水平方向居中
Ypos	可选。数值表达式，成对出现，指定对话框的上边与屏幕上边的距离。如果省略 ypos，则对话框被放置在屏幕垂直方向距下边大约1/3 的位置

【实例8 - 2】编写一个过程来说明函数 InputBox（）的使用：为用户提供一个学号输入窗口。

```
Sub InputId( )
    Dim IdPrompt,Idtitle,IdDefault,Studid          '定义变量
    Idprompt = " 请输入你的学号:"                    '设置提示信息
    Idtitle = " 输入学号"                           '设置标题
    IdDefault = "01"                               '设置文本框的默认值
    Studid = InputBox(Idprompt,Idtitle,IdDefault)   '在对话框中显示提示信息、标题
                                                    和默认值。
Sub   End
```

运行结果如图 8 – 9 所示，用户输入的数据会作为字符串赋予变量 Studid。

图 8 – 9   函数 InputBox 对话框

（二）MsgBox（ ）函数

MsgBox（ ）函数会弹出一个消息框，向用户提供信息，并接受用户选择作出响应，完成 VBA 与用户的交互。

功能：在消息框中显示信息，当用户单击按钮时，返回一个 Integer 值，该值对应用户所单击的按钮。

语法格式：

MsgBox(prompt[, buttons][, title])

同样，第一参数 prompt 是必选参数，其余参数是可选的。省略可选的参数时，分隔符"，"不能省略。关于 MsgBox 函数各参数的详细解释如表 8 – 7 所示。

表 8 – 7   MsgBox 的参数表

参数	描　述
Prompt	必选。字符串表达式，用于显示对话框中的提示信息。prompt 的最大长度大约为 1024 个字符。prompt 的内容可以自动换行，可以在每一行之间用回车符 [Chr (13)]、换行符 [Chr (10)] 或是回车与换行符的组合 [Chr (13) & Chr (10)] 进行换行

参数	描 述
Buttons	可选。数值表达式,指定显示按钮的数目及形式,使用的图标样式,缺省按钮是什么以及消息框的强制回应等。如果省略,则 buttons 的缺省值为 0
Title	可选。对话框的标题,如果省略 title,则把应用程序名放入标题栏中

其中,MsgBox 函数中 Button 参数是一个或者一组按钮,决定了消息框上按钮的数目、形式和出现在消息框上的图标类型。关于 Button 参数的符号常量如表 8 - 8 所示:

表 8 - 8 Button 参数的常量说明表

常量符号	值	描 述
vbOKOnly	0	只显示"确定"按钮
vbOKCancel	1	显示"确定"和"取消"按钮
vbAbortRetryIgnore	2	显示"终止"、"重试"和"忽略"按钮
vbYesNoCancel	3	显示"是"、"否"和"取消"按钮
vbYesNo	4	显示"是"和"否"按钮
vbRetryCancel	5	显示"重试"和"取消"按钮
vbCritical	16	显示 X 图标
vbQuestion	32	显示? 图标
vbExclamation	48	显示! 图标
vbInformation	64	显示 i 图标
vbDefaultButton1	0	第一个按钮是缺省值(缺省设置)
vbDefaultButton2	256	第二个按钮是缺省值
vbDefaultButton3	512	第三个按钮是缺省值

"Button"参数的缺省值是 1,是一个"确定"按钮。如果需要同时给"Button"设置多个参数,可以将上表中的符号常量相加。比如:运行结果如图 8 - 10 所示。

strId = MsgBox("你输入的学号为:12", vbYes-No + vbQuestion)

函数 MsgBox () 的返回值是 1 ~ 7 的整数或者整数对应的符号常量,分别与对话框的 7 个命令按钮对应。如表 8 - 9 所示。

图 8 - 10 函数 MsgBox 消息框

表 8 – 9　MsgBox 函数返回值说明表

命令按钮	符号常量	值
确定	vbOk	1
取消	vbCancel	2
终止	vbAbort	3
重试	vbRetry	4
忽略	vbIgnore	5
是	vbYes	6
否	vbNo	7

如果在程序运行中不需要按钮的返回值，可以直接使用 MsgBox 过程，不需要括号。语法格式如下：

MsgBox Prompt,［, buttons］［, title］

【实例 8 – 3】设计一个名称为"密码检测"判断密码的窗体。假设密码为"adminor"，如果输入的密码正确，则可以进入"主界面"窗体，如果错误，则弹出一个对话框："密码错误"，单击对话框中的"重试"按钮，则将判断密码窗体中的文本框的内容清空。如图 8 – 11 所示。

图 8 – 11　运行结果

操作步骤：

1. 打开"教学管理系统"数据库。

2. 创建如图 8 – 11 所示的"MsgBox 函数"窗体，"输入密码"文本框的名称为"Tpassword"，"确定"按钮的名称为"Command2"。

3. 右键单击"确定"按钮，选择"事件生成器"命令，在弹出的"选择生成器"对话框中选择"代码生成器"，单击"确定"按钮进入代码编辑器窗口。

```
Private Sub Command2_Click()
    If Tpassword = "adminor" Then
        DoCmd.Close
        DoCmd.OpenForm "主界面"
    Else
        i = MsgBox("密码错误", vbRetryCancel)
        If i <> 4 Then
            Quit
        Else
            Tpassword = ""
            Tpassword.SetFocus
        End If
    End If
End Sub
```

图 8 – 12　"确定"按钮单击事件代码

4. 在"确定"按钮的单击事件过程中添加如图 8 – 12 所示的代码。

任务五　VBA 的流程控制

VBA 程序是由大量的语句构成的，而语句能够完成某个操作的命令。在 VBA 中，程序语句按功能的不同可以分为两类：

1. 声明语句：用于给变量、常量或过程定义命名。

2. 执行语句：用于执行赋值操作、调用过程，实现各种流程控制。

其中执行语句分为三种结构：

1. 顺序结构：按照语句顺序顺次执行。

2. 分支结构：又称为选择结构，根据条件选择执行路径。

3. 循环结构：重复执行某一段程序语句。

一、VBA 语句

（一）VBA 编程语句书写规则

在高级程序设计语言中，程序语句的书写都必须遵循一定的规则，以便于保证程序的可读性和可维护性。VBA 程序语句的书写规则有以下三点：

1. 在 VBA 程序代码中不区分字母的大小写，但 VBA 会对程序代码进行自动转换，比如关键字的首字母会自动被转换为大写，其他都为小写。如果关键字由多个英文单词组成，每个单词的首字母都将被转换为大写。

2. 同一行可以写多个语句，但是要用冒号"："分隔。

3. 一个语句可以分成多行写，但必须在行后加续行符：空格加下划线。

（二）VBA 的基本语句

1. 声明语句。声明语句用于定义常量、变量和过程等。比如：

```
Sub Stud( )                          '定义了一个过程
    Dim    StudNum    As Integer     '定义了一个整型变量 StudNum
    Dim    StudName    As String     '定义了一个字符变量 StudName
    Const    PI As    Single = 3.14  '定义了一个常量 PI
End Sub
```

2. 赋值语句。赋值语句是最基本的语句，给变量指定一个值或表达式。

功能：给变量或对象的属性赋值。

语法格式：

　　< 变量名 > = < 值/表达式 > 或 < 对象名 . 属性 > = < 值/表达式 >

比如：

StudNum = 50   '给变量 StudNum 赋值 50

StudName = " 刘德华 "   '给变量 StudName 赋值"刘德华"

3. 注释语句。注释语句是对程序或程序中的某些语句作注释。适当的注释语句对程序的可读性和可维护性是非常重要的。在 VBA 中，注释是用单引号"'"或 Rem 语句这两种方式来实现的。

4. 流程控制语句。一般情况下，程序是顺序执行的，但是实际上，很多时候需要根据特定的条件是否满足来决定下一步将要执行哪一条语句或重复执行某些操作，这时需要对程序的执行顺序进行控制。有三种流程控制结构来对程序的执行顺序进行控制，分别是顺序结构、分支结构和循环结构。

其中，顺序结构是按照语句在程序中的先后顺序依次执行。对于与分支结构和循环结构相关的语句，下面将分别详细介绍。

二、VBA 的分支结构

分支结构又称为选择结构，根据条件判断来选择执行不同的分支。在 VBA 中，有两种条件判断语句：If 语句和 Select... Case 语句。

（一）If 语句

1. If...Then 语句。语法格式如下：

If   < 表达式 >   Then

    < 语句块 1 >

End If

2. If...Then...Else 语句。语法格式如下：

If   < 表达式 >   Then

    < 语句块 1 >

Else

    < 语句块 2 >

End If

其中：

（1） < 表达式 > 可以是任何表达式，一般为关系表达式或布尔表达式。如果是其他表达式，则非 0 认为是 True，0 认为是 False。

（2） 程序运行时，先判断表达式的值，为 True 则执行语句块 1，否则执行 End If 后面的语句。如果有 Else 语句则执行语句块 2。

【实例 8 - 4】输入两个数，并比较这两个数的大小，输出其中较大的数。

```
Sub LargerCount( )
    Dim x As Integer, y As Integer
    x = InputBox("请输入 x 的值:")
    y = InputBox("请输入 y 的值:")
    If   x > = y   Then
        MsgBox"较大的数是:"&x
    Else
        MsgBox"较大的数是:"&y
    End If
End Sub
```

运行结果如图 8 – 13、图 8 – 14、图 8 – 15 所示:

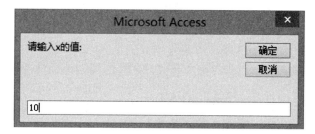

图 8 – 13   输入 x 值 InputBox 对话框

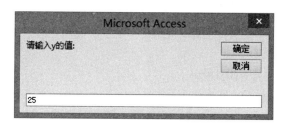

图 8 – 14   输入 y 值 InputBox 对话框

图 8 – 15   显示比较结果 InputBox 对话框

3. If…Then…ElseIf 语句。语法格式如下:

If < 表达式 1 > Then

<语句块 1 >

ElseIf <表达式 2 > Then

<语句块 2 >

…

ElseIf <表达式 n > Then

<语句块 n >

Else

<语句块 n + 1 >

End If

程序运行时,从表达式 1 开始逐个测试条件,当找到第一个为 True 的条件时,即执行该条件后所对应的语句块。如果没有一个条件表达式为 True,执行最后一条 Else 语句后面的语句块 n + 1,然后由 End If 语句退出该分支语句。

【实例 8 – 5】根据学生成绩来评定其等级,具体是 60 分以下为不及格,60 ~ 70 分为及格,70 ~ 84 分为良好,85 分以上为优秀。

```
Sub    StudGrade( )
       Dim Score As Integer, Grade As String
       Score = InputBox( "请输入考试成绩" )
       If Score > 100 Or Score < 0 Then
         MsgBox" 输入的成绩有误,请输入正确的成绩!"
       ElseIf    Score > = 85 Then
         Grade = " 优秀"
       ElseIf    Score > = 70 Then
         Grade = " 良好"
       ElseIf    Score > = 60 Then
         Grade = " 及格"
       Else
         Grade = " 不及格"
       End If
       If Grade <> " " Then
         MsgBox" 你的等级是" &Grade
         End If
End Sub
```

(二) Select Case—End Select 语句

If 语句中,在条件复杂、分支比较多的情况下,使用起来会比较繁琐,也容易出错，这时可以使用 VBA 中的 Select…Case 语句。Select…Case 语句是专门用于多分支控制的语句。

语法格式如下：

```
Select   Case <变量或表达式>
    Case <表达式 1>
        语句块 1
    Case <表达式 2>
        语句块 2
        …
    Case Else
        语句块 n + 1
End Select
```

其中：

1. Select Case 后的变量或表达式只能是数值型或字符型表达式。

2. 执行过程是先计算 Select Case 后的变量或表达式的值，然后从上至下逐个比较，决定执行哪一个语句块。如果有多个 Case 后的表达式列表与其相匹配，则只执行第一个 Case 后的语句块。

3. 语句中的各个表达式列表应与 Select Case 后的变量或表达式同类型。各个表达式列表可以采用下面四种形式：

(1)表达式：	X + 5	
(2)用逗号分隔的一组枚举表达式：	1，3，5，7	
(3)表达式 1 To 表达式 2	1 To 10 或	"a" To "f"
(4)Is 关系运算符表达式	Is < = 15	

【实例 8 - 6】用 Select…Case 语句来完成【实例 8 - 5】。

```
Sub   StudGrade2( )
    Dim Score As Integer，Grade As String
    Score = InputBox("请输入考试成绩")
    Select Case Score
      Case   Is > 100，Is < 0
          MsgBox"输入的成绩有误，请输入正确的成绩!"
    Case 85 To 100
          Grade = "优秀"
    Case 70 To 84
```

```
                Grade = " 良好"
        Case 60 To 69
                Grade = " 及格"
        Case Else
                Grade = " 不及格"
        End Select
        If Grade <> " " Then
                MsgBox" 你的等级是" &Grade
        End If
End Sub
```

除了上述条件语句外，VBA 还提供了三个函数来完成相应选择操作：

（三）Iif 函数

语法格式：Iif(条件式, 表达式 1, 表达式 2)

Iif 函数根据"条件式"的值来决定函数返回值。"条件式"值为真的，函数返回"表达式 1"的值；"条件式"值为假的，函数返回"表达式 2"的值。

（四）Switch 函数

语法格式：Switch(条件式 1, 表达式 1[, 条件式 2, 表达式 2][, 条件式 3, 表达式 3]…[, 条件式 n, 表达式 n])

Switch 函数是分别根据"条件 1"、"条件 2"直至"条件 n"的值来决定函数的返回值。

（五）Choose 函数

语句格式：Choose(索引式, 选项 1[, 选项 2]…[, 选项 n])

Choose 函数是根据"索引式"的值来返回选项列表中的某个值。

三、VBA 的循环结构

循环控制结构也叫重复控制结构。在程序运行时，该结构中的一部分语句被重复执行多次。其中被重复执行的一个或多个语句称为循环体。VBA 中有两种循环语句结构：

（一）For…Next 循环语句

语法格式如下：

```
For < 循环变量 > = < 初值 >To < 终值 >[ Step   < 步长 >]
    < 循环体 >
    Exit For
```

　　＜语句块＞

Next ＜循环变量＞

其中：

1. 循环变量必须是数值型；

2. 步长可以是正数，也可以是负数。当步长为 1 时，Step 语句可以省略；

3. 根据初值、终值和步长，可以计算出循环的次数，因此 For 语句一般用于循环的次数是已知的；

4. 使用 Exit For 语句可以提前退出循环。

For...Next 循环语句的运行过程如下：

1. 执行 For 语句，把初值赋给循环变量。

2. 循环变量与终值进行比较，具体情况如下：

（1）当步长值 ＞0 时，且循环变量 ＜ ＝终值，则执行循环体，否则执行步骤 6。

（2）当步长值 ＜0 时，且循环变量 ＞ ＝终值，则执行循环体，否则执行步骤 6。

（3）当步长值 ＝0 时，且循环变量 ＜ ＝终值，则陷入死循环，否则执行步骤 6。

3. 执行循环体中的语句。

4. 执行 Next 语句，即循环变量的值 ＝循环变量 ＋步长值。

5. 转向步骤 2。

6. 结束循环，执行 Next 后面的语句。

【实例 8 － 7】用 For...Next 语句求出 1～50 之间所有偶数之和。

```
Sub    EvenSum( )
        Dim sum As Integer, i As Integer
        sum = 0
        For i = 2    To 50 Step 2
        sum = sum + i
        Next i
        MsgBox"1～50 之间所有偶数之和是:"&sum , ,"For 循环语句使用实例"
End Sub
```

运行结果如图 8 － 16 所示。

（二）Do...Loop 循环语句

在 Do...Loop 循环语句中，是通过 While 关键字来检查循环条件的。与 For...Next 循环语句不同的是，Do...Loop 循环结构中的循环次数是未知的。

图 8 － 16　For 循环语句的使用

在 Do...Loop 循环语句中，当条件为 True 时或者条件变为 True 之前，重复执行循环体。下面分别来介绍这两种循环语句。

1. Do While…Loop 循环语句。语法格式如下：

Do While <条件>

    循环体

    Exit Do

    语句块

Loop

其中：

（1）条件表达式可以是任何类型，非 0 为真，0 为假。

（2）执行过程是：在每次循环开始时测试条件，对于 Do While 语句，如果条件成立，则执行循环体的内容，然后回到 Do Whlie 处准备下一次循环；如果条件不成立，则退出循环。

（3）Exit Do 语句的作用是提前终止循环。

Do While…Loop 循环语句的运行过程如下：

（1）执行 Do 语句，判断循环条件表达式的值，若为 True，执行步骤（2），否则执行步骤（4）；

（2）执行循环体中的语句；

（3）执行 Loop 语句，并返回（1）；

（4）结束循环，执行 Loop 后面的语句。

【实例 8 - 8】用 Do While…Loop 语句完成［实例 8 - 7］，并在立即窗口打印程序运行结果。

```
Sub EvenSum2()
    Dim sum As Integer, i As Integer
    sum = 0
    i = 0
    Do While  i < 50
        i = i + 2
        sum = sum + i
    Loop
    Debug. Print sum
End Sub
```

2. Do…Loop While 循环语句。格式如下：

Do

　　循环体

　　Exit　Do

　　语句块

Loop　While＜条件＞

　　其中，与 Do While…Loop 不同的是，Do…Loop While 语句在每次循环结束时测试条件。因此，二者的区别是如果一开始循环条件就不成立，则 Do While…Loop 中的循环体部分一次也不执行，而 Do…Loop While 中的循环体部分被执行一次。

　　Do…Loop While 循环语句的运行过程如下：

　　（1）执行 Do 语句，执行循环体中的语句；

　　（2）执行 Loop While 语句，并判断循环条件表达式的值，为 True，则执行步骤（1），否则执行步骤（3）；

　　（3）结束循环，执行 Loop While 后面的语句。

【实例 8 - 9】用 Do…Loop While 语句完成［实例 8 - 7］，并在立即窗口打印程序运行结果。

```
Sub EvenSum3( )
    Dim sum As Integer, i As Integer
    sum = 0
    i = 0
    Do
      i = i + 2
          sum = sum + i
    Loop While    i < 50
    Debug. Print sum
End Sub
```

【实例 8 - 10】创建如图 8 - 17 所示的窗体，用以实现用户注册及登录的功能。若登录成功，则打开"主界面"窗体。

　　操作步骤：

　　（1）打开"教学管理系统"数据库。

　　（2）创建表"user"，并添加两条记录，其字段、类型及记录如图 8 - 18 所示。

【提示】只有用"user"表中的用户名和密码，才能登录成功。注册时输入的用户名和密码也将添加到"user"表中。

　　（3）创建如图 8 - 17 所示的窗体，其中，"用户名"文本框的名称为"Tusername"，"密码"文本框的名称为"Tpassword"，"注册"命令按钮的名称为"Cmdreg"，"登录"命令按钮的名称"Cmdlog"，"取消"命令按钮的名称为"Cmdcancel"。

窗体保存为"用户注册登录"。

用户注册登录系统

用户名：

密　码：

注册　　登录　　取消

图 8 – 17　"用户注册登录"窗体

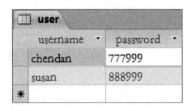

图 8 – 18　"user"表

（4）右键单击"注册"命令按钮，选择"事件生成器"命令，接着单击"代码生成器"，单击"确定"按钮进入代码编辑器。

（5）在"注册"命令按钮的事件中书写如下代码：

```
Private Sub Cmdreg __Click( )
    Dim name1 As String
    Dim sql As String
    name1 = " username = ′" & Me. Tusername & " ′"
    If DCount( " username" , " user" , name1 ) = 0 And IsNull( Me. Tusername) Then
        MsgBox "用户名为空! 请重新输入!" , vbCritical
        Me. Tusername. SetFocus
        Exit Sub
    End If
    If DCount( " username" , " user" , name1 )  <> 0 Then
        MsgBox "用户名已存在,请重新输入!" , vbCritical
        Me. Tusername. SetFocus
    Else
        DoCmd. SetWarnings False '关闭系统提示信息
        sql = " insert into user( username , password) values" &" ( Tusername , Tpassword) "
        DoCmd. RunSQL sql '运行 insert into 语句
        DoCmd. SetWarnings True      '打开系统信息提示
            MsgBox "用户注册成功!! 请用新注册用户名登录系统!" , vbInformation
        DoCmd. Close      '关闭当前窗体
    End If
End Sub
```

（6）用同样的方法书写"登录"命令按钮的代码：

```
Private Sub Cmdlog＿Click( )
    Dim name2 As String
    Dim ps As Variant
    If IsNull( Me. Tusername) Or IsNull( Me. Tpassword) Then
        MsgBox "用户名或密码为空,请重新输入!", vbCritical
        Exit Sub
    End If
    name2 = "username = "& Me. Tusername & " "
    ps = DLookup( "password", "user", name2)    'DLookup( )实现在 user 表中查找当
username = name2 时的 password 的值
    If IsNull( ps) Then       '判断用户名是否存在
        MsgBox "用户名不存在,请重新输入!", vbCritical
        Me. Tusername. SetFocus
        Exit Sub
    End If
    If ps ＜＞ Me. Tpassword Then      '用户名存在时,判断密码是否正确

        MsgBox "输入的密码错误,请重新输入!", vbCritical
        Me. Tpassword. SetFocus
    Else
        MsgBox "欢迎使用教学管理系统,请单击确定!", vbInformation
        DoCmd. Close
        DoCmd. OpenForm "主界面"
    End If
End Sub
```

（7）"取消"命令按钮的代码如下：

```
Private Sub Cmdcancel＿Click( )
    DoCmd. Close
End Sub
```

习 题

一、选择题

1. 变量声明语句 Dim NewVar 表示变量是（   ）变量。

A. 整型　　　　　B. 长整型　　　　　C. 字符串型　　　　　D. 变体型

2. 在 VBA 中定义常量符号是使用关键字（   ）。

A. Dim　　　　　B. Public　　　　　C. Static　　　　　D. Const

3. 下列关于模块叙述错误的是（   ）。

A. 模块包括全局模块和类模块

B. 以 VBA 语言为基础，以函数和子过程为存储单元

C. 是 Access 系统中的一个重要对象

D. 不能完成宏所能完成的复杂操作

4. 在一行上写多条语句时，应使用的分隔符是（   ）。

A. 分号　　　　　B. 逗号　　　　　C. 冒号　　　　　D. 空格

5. 在 VBA 中，窗体模块属于（   ）。

A. 全局模块　　　　B. 局部模块　　　　C. 标准模块　　　　D. 类模块

6. 语句 "NewVar = 56" 中的变量 NewVar 的类型默认为（   ）。

A. Integer　　　　B. String　　　　C. Byte　　　　D. Double

7. 运行下面的程序段所循环次数是（   ）。

```
For k = 3  to 10 Step 2
    k = k + 3
    Next k
```

A. 2　　　　　B. 3　　　　　C. 4　　　　　D. 5

8. 在 VBA 中定义局部变量是使用关键字（   ）。

A. Dim　　　　　B. Public　　　　　C. Static　　　　　D. Const

9. 下面过程运行之后，则变量 M 的值为（   ）。

```
Private Sub Fun  (.
    Dim M As Integer
    M = 3
    Do
        M = M * 2
    Loop While M < 16
End Sub
```

A. 6　　　　　　B. 12　　　　　　C. 16　　　　　　D. 24

10. 能够触发窗体的 MouseDown 事件的操作是（　　　）。

A. 单击鼠标　　　B. 双击鼠标　　　C. 鼠标滑过窗体　　　D. 双击窗体

11. 以下 VBA 代码程序运行结束后，变量 a 的值是（　　　）。

a = 0

b = 101

Do

　　b = b − 20

　　a = a + b

Loop　While　b > 80

A. 60　　　　　　B. 140　　　　　　C. 142　　　　　　D. 160

12. 下列语句中，定义窗体的加载事件过程的头语句是（　　　）。

A. Private Sub Form __ Change（）

B. Private Sub Form __ LostFocus（）

C. Private Sub Form __ Load（）

D. Private Sub Form __ Open（）

13. 对 VBA 中的逻辑值进行算术运算时，True 值被当做 −1，False 当做（　　　）。

A. 0　　　　　　B. 1　　　　　　C. 2　　　　　　D. 3

14. 在 VBA 中，表达式（5^2 Mod 8）> =4 的值是（　　　）。

A. True　　　　　B. False　　　　　C. And　　　　　D. Or

15. 在 VBA 中，声明函数过程的关键字是（　　　）。

A. Dim　　　　　B. Constant　　　　　C. Function　　　　　D. Sub

二、填空题

1. 在 Access 中模块可以分为＿＿＿＿和＿＿＿＿两种类型。

2. VBA 的数据类型包括字节型、＿＿＿＿＿、＿＿＿＿＿、长整形、单精度型、
＿＿＿＿、布尔型、＿＿＿＿、货币型和变体型。

3. VBA 中有三种流程控制结构，分别是＿＿＿＿、＿＿＿＿和＿＿＿＿。

4. 在 VBA 中定义全局变量是使用关键字＿＿＿＿。

5. 如果窗体的名称是 Form1，把窗体的标题设置为"成绩表"的语句是＿＿＿＿。

6. 在 VBA 中，报表模块属于＿＿＿＿。

7. VBA 中变量可以分为三种类型，分别是局部变量、＿＿＿＿和＿＿＿＿。

8. 在下面的代码中，退出循环时 k 的值是 13，请将下面程序补充完整：

```
Dim  k  As  Interger
k = 3
```

        Do

            k = k + 2

        Loop　While _____。

9. 语句 NewStr = "Open" & "door" 的返回值为_____。

10. 下面的程序段执行完以后，MyValue 的值为：_____。

    Dim A, B, C, MyValue

    A = 9: B = 6: C = 3

    MyValue = A > B And B > C

11. 在 VBA 中，类型说明符#表示的数据类型是_____。

三、实训题

1. 创建如图 8 – 19 所示的窗体，在窗体上输入一个整数，通过单击"计算阶乘"按钮计算该整数的阶乘。计算结果用 MsgBox 输出。

图 8 – 19　"计算阶乘"窗体

2. 在"教师基本情况"窗体中添加"工龄"按钮，编写按钮代码实现单击该按钮时弹出该教师的工龄。单击按钮结果如图 8 – 20 所示。

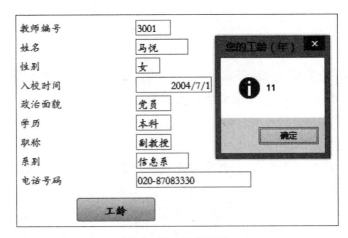

图 8 – 20　计算工龄

项目九

数据库安全管理

 知识能力与目标

◇ 了解 Access 2010 新增的安全性能；

◇ 掌握设置数据库密码的方法；

◇ 掌握压缩数据库的方法；

◇ 掌握备份及修复数据库的方法；

◇ 掌握打包、签名和分发数据库的方法。

任务一 Access 安全性的新增功能

Access 2010 提供了经过改进的安全模型，该模型有助于简化将安全性应用于数据库以及打开已启用安全性的数据库的过程。

一、Access 2010 中的新增功能

1. 不启用数据库内容时也能查看数据的功能。在以前的 Access 版本中，如果将安全级别设置为"高"，则必须先对数据库进行数字签名并信任数据库，然后才能查看数据。Access 2010 可以直接查看数据库，而无需决定是否信任数据库。

2. 更高的易用性。如果将数据库文件放在受信任位置（指定为安全位置的文件夹或网络共享），那么这些文件将直接打开并运行，而不会显示警告消息或要求用户启用任何禁用的内容。如果在 Access 2010 中打开由早期版本所创建的数据库，并且这些数据库已进行了数字签名，而且已选择信任发布者，那么系统将运行这些文件而不再需要用户决定是否信任它们。

3. 信任中心。信任中心是保证 Access 安全的工具，它为设置 Access 的安全提供了一个集中的管理位置，使用信任中心可以为 Access 创建或更改受信任位置并设置安全选项。在 Access 中打开新的和现有的数据库时，这些设置将影响它们的行为。信任中心包含的逻辑还可以评估数据库中的组件，确定打开数据库是否安全，或者信任中心

229

是否应禁用数据库，并让用户判断是否启用它。

4. 更少的警告信息。早期版本的 Access 强制用户处理各种警报消息，宏安全性和沙盒模式就是其中的两个例子。在 Access 2010 的默认情况下，如果打开一个非信任的 .accdb 文件，将只看到一个称为"消息栏"的工具。

5. 使用更强的算法来加密那些使用数据库密码功能的 .accdb 文件格式的数据库。加密数据库将打乱表中的数据排列顺序，有助于防止非法用户读取数据。

6. 新增了一个禁用数据库运行的宏操作子类。这些更安全的宏还包含错误处理功能。用户可以直接将宏嵌入任何窗体、报表或控件属性中。

二、Access 和用户级安全

对于以新文件格式（.accdb 和 .accde 文件）创建的数据库，Access 不提供用户级安全。但是，如果在 Access 2010 中打开由早期版本 Access 创建的数据库，并且该数据库应用了用户级安全，那么这些设置仍然有效。

三、使用受信任位置中的 Access 数据库

将 Access 数据库放在受信任位置时，所有 VBA 代码、宏和安全表达式都会在数据库打开时直接运行。用户不必在数据库打开时做出信任决定。

使用受信任位置中的 Access 数据库的步骤如下：

1. 在使用信任中心查找或创建受信任位置。

2. 将 Access 数据库保存、移动或复制到受信任位置。

3. 打开使用数据库。

四、打包、签名和分发 Access 数据库

如果开发者创建的数据库不是在自己的电脑中使用，而是给别人使用，或者是在局域网中使用，这样就面临着如何把数据库安全地分发给用户的问题。签名是为了保证分发的数据库是安全的。打包的目的是确保在创建该包后数据库没有被修改。

使用 Access 可以方便快捷地对数据库进行签名和分发。在创建 .accdb 文件或 .accde 文件后，可以将该文件打包，对该包应用数字签名，然后将签名包分发给其他用户。"打包并签署"工具会将该数据库放置在 Access 部署（.accdc）文件中，对其进行签名，然后将签名包放在开发者确定的位置。以后，其他用户可以从该包中提取数据库，并直接在该数据库中工作，而不是在包文件中工作。

任务二 设置数据库密码

保护 Access 数据库最简单的方法是为数据库设置打开密码，以禁止非法用户进入数据库。设置密码后，打开数据库时将显示要求输入密码的对话框。只有输入正确密码的用户才可以打开数据库。

一、设置密码

【实例 9-1】 为"教学管理系统"数据库设置用户密码。

操作步骤：

1. 启动 Access 2010。

2. 单击"文件"选项卡，单击左侧窗格的"打开"命令，打开"打开"对话框，选择"教学管理系统"数据库。

3. 单击"打开"按钮右侧的下拉箭头，选择"以独占方式打开"选项，如图9-1所示。

图 9-1 "打开"对话框

4. 在"文件"选项卡中，单击左侧窗格的"信息"命令，在右侧窗格中单击"用密码进行加密"按钮，如图9-2所示。

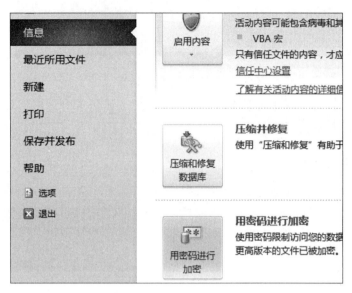

图 9 - 2　"信息"选项

5. 弹出"设置数据库密码"对话框，如图 9 - 3 所示。在此输入密码"336699"，单击"确定"按钮完成数据库密码设置。

密码设置完成后，再打开"教学管理系统"数据库时，系统自动弹出"要求输入密码"对话框，如图 9 - 4 所示。只有输入正确的密码后，才能打开"教学管理系统"数据库。

图 9 - 3　"设置数据库密码"对话框

图 9 - 4　"要求输入密码"对话框

如果输入的密码不正确，则弹出警告对话框，如图 9 - 5 所示。单击"确定"按钮，重新输入密码。

图 9 - 5　"密码无效"对话框

二、撤销密码

【**实例 9 - 2**】撤销"教学管理系统"数据库的密码设置。

操作步骤：

1. 启动 Access 2010。

2. 单击"文件"选项卡，单击左侧窗格的"打开"命令，打开"打开"对话框，选择"教学管理系统"数据库。

3. 单击"打开"按钮右侧的下拉箭头，选择"以独占方式打开"选项。

4. 在"文件"选项卡中，在左侧窗格单击"信息"命令，在右侧窗格中单击"解密数据库"按钮，如图 9 - 6 所示。

图 9 - 6　"解密数据库"命令

5. 弹出如图 9 - 7 所示的"撤销数据库密码"对话框，输入之前设置的密码"336699"，单击"确定"按钮。

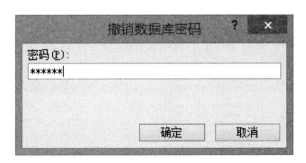

图 9 - 7　"撤销数据库密码"对话框

【**提示**】为了设置或撤销数据库密码，用户必须将数据库以独占方式打开。

任务三　压缩和修复数据库

在使用 Access 数据库的过程中，经常需要进行删除数据的操作，而在创建数据库时还会经常进行删除对象的操作。由于 Access 系统文件自身结构的特点，删除操作会使 Access 文件变得支离破碎。当删除一个记录或一个对象时，Access 并不能自动地把该记录或该对象所占的硬盘空间释放出来，这样既造成了数据库文件大小的不断增长，又造成计算机硬盘空间使用效率的降低，使数据库的性能下降。对 Access 数据库进行压缩，可以避免这样的情况发生。压缩 Access 文件将重新组织文件在硬盘上的存储，消除 Access 文件支离破碎的状况，释放那些由于删除记录和对象所造成的空置磁盘空间，从而优化 Access 数据库的性能。

压缩数据库有两种方式：自动压缩方式和手动压缩方式。

一、关闭时自动压缩数据库

【实例 9-3】设置关闭时自动压缩"教学管理系统"数据库。

操作步骤：

1. 打开"教学管理系统"数据库。

2. 单击"文件"选项卡，在左侧窗格中单击"选项"命令。

3. 在打开的"Access 选项"对话框中，单击左侧窗格中的"当前数据库"命令，并勾选"关闭时压缩"选项，如图 9-8 所示，然后单击"确定"按钮。

图 9-8　"Access 选项"对话框

设置完成后，以后每次关闭数据库时都会自动对数据库进行压缩。

二、手动压缩和修复数据库

在对数据库进行压缩之前，Access 会对文件进行错误检查，一旦检测到数据库损坏，就会要求修复数据库。修复数据库可以修复数据库中的表、窗体、报表或模块的损坏。在开始执行压缩和修复操作之前，可以使用"备份数据库"命令来进行备份，这样一旦出了问题，可以用备份来恢复此数据库。

手动压缩和修复数据库的操作步骤：

1. 打开"教学管理系统"数据库。

2. 单击"文件"选项卡中的"信息"，再单击右侧窗格中的"压缩和修复数据库"命令，如图 9 – 9 所示。

图 9 – 9 压缩和修复数据库

任务四　备份和恢复数据库

为了确保数据库使用时的安全，经常需要对数据库进行备份。同时在需要的时候用备份数据库对系统进行恢复。

一、备份数据库

【实例 9 – 4】备份"教学管理系统"数据库。

操作步骤：

1. 打开"教学管理系统"数据库。

2. 单击"文件"选项卡中的"保存并发布"命令，双击右侧窗格的"备份数据库"命令，如图 9 – 10 所示。

图 9 – 10　备份数据库

3. 打开"另存为"对话框，Access 给出了默认的备份文件名，该文件名为：数据库名称 + 当前日期，如图 9 – 11 所示。

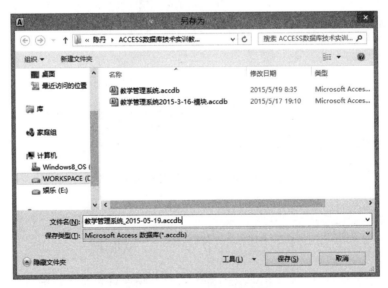

图 9 – 11　"另存为"对话框

4. 采用默认参数即可。选定保存位置，单击"保存"按钮，开始备份直至完成。

Access 2010 除了提供备份数据库功能外，还提供了"另存为"功能。"另存为"方式也可以作为数据库备份的手段，但是使用"另存为"方式需要用户自己对文件名命名，显然不如备份数据库方便。

二、用备份的副本还原数据库

当数据库遭到破坏后，可以使用还原的方法来恢复数据库，Access 2010 本身没有提供直接还原数据库的功能。可以直接把备份的数据库重命名后，替换原来的数据库。

任务五　打包、签名和分发 Access 数据库

如果开发者创建的数据库要在互联网中使用，那么，如何安全地把数据库分发给用户，这是需要面对的问题。使用 Access 2010 可以方便地对数据库进行签名和分发。

在创建了 . accdb 文件或 . accde 文件后，可以将该文件打包，对该包应用数字签名，然后将签名包分发给其他用户。

在操作时需要注意以下六点：

1. 将数据库打包并对包进行签名是一种传达信任的方式。在对数据库打包并签名后，数字签名会确认在创建该包之后数据库未被更改过。

2. 从包中提取数据库后，签名包与提取的数据库之间将不再有关系。

3. 仅可以在以 . accdb、. accdc 或 . accde 文件格式保存的数据库中使用"打包并签署"工具。

4. 一个包中只能添加一个数据库。

5. 签名过程是对包含整个数据库的包（而不仅仅是宏或模块）进行签名。

6. 对于局域网，可以从安装了 SharePoint Services 3.0 服务器上的包文件中提取数据库。

一、创建签名包

【实例 9 - 5】为"教学管理系统"数据库创建签名包。

操作步骤：

1. 打开"教学管理系统"数据库。

2. 单击"文件"选项卡上的"保存并发布"命令。

3. 双击"打包并签署"命令，弹出"Windows 安全"对话框，如图 9 - 12 所示，单击"确定"按钮。

图 9 - 12　"Windows 安全"对话框

4. 弹出"创建 Microsoft Access 签名包"对话框，如图 9 – 13 所示，选择合适的存储路径，单击"创建"按钮。

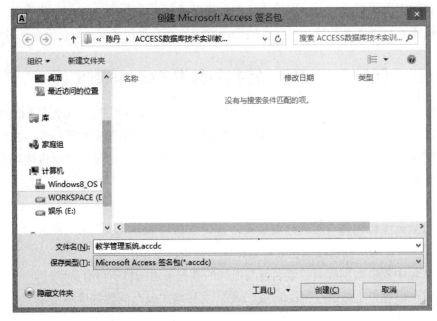

图 9 – 13　"创建 Microsoft Access 签名包"对话框

二、提取并使用签名包

操作步骤：

1. 打开"教学管理系统"数据库。

2. 单击"文件"选项卡上的"打开"命令。

3. 在弹出的"打开"对话框中，选择签名包数据库，然后单击"打开"按钮。

4. 在弹出的"Microsoft Access 安全声明"对话框中，单击"信任来自发布者的所有内容"按钮，如图 9 – 14 所示。

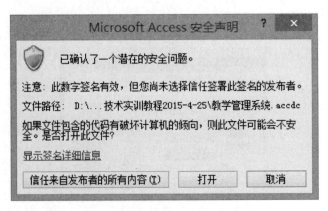

图 9 – 14　"Microsoft Access 安全声明"对话框

5. 在弹出的"将数据库提取到"对话框中，选择另一个存储位置，输入其他名称，然后单击"确定"按钮，即可打开签名包数据库。

三、生成 ACCDE 文件

为了保证数据库的安全，还需要把数据库系统生成 ACCDE 文件。在把一个数据库文件转换成一个 ACCDE 文件之前，为了更好地保护数据库应用系统，最好先对数据库应用系统进行安全保密的设置，然后再进行转换。

把一个数据库文件转换为一个 ACCDE 文件的过程，就是编译所有模块、删除所有可编辑的源程序代码并压缩目标数据库的过程。由于删除了 VBA 源代码，使得其他用户不能查看或编辑数据库对象，当然也使数据库变小、内存得到优化，从而提高了数据库性能，这也是把一个数据库文件转换成一个 ACCDE 文件的目的。

【实例 9 - 6】将"教学管理系统"数据库系统生成一个 ACCDE 文件。

操作步骤：

1. 打开"教学管理系统"数据库。
2. 单击"文件"选项卡上的"保存并发布"命令。
3. 在"保存并发布"右侧窗格中选择"生成 ACCDE"命令。
4. 弹出"另存为"对话框，选择合适的保存位置，然后单击"保存"按钮。

习　题

一、选择题

1. 在建立、删除用户和更改用户权限时，必须先使用（　　）账户进入数据库。

A. 没有限制　　　　　　　　　　B. 管理员

C. 普通账户　　　　　　　　　　D. 具有读/写权限的账户

2. 对数据库实施（　　）操作可以消除对数据库频繁数据更新带来的大量碎片。

A. 压缩　　　　　B. 备份　　　　　C. 另存为　　　　　D. 加密

3. 隐式权限是（　　）所在组所具有的权限。

A. 账户　　　　　B. 权限　　　　　C. 继承　　　　　D. 独占

4. 下面叙述正确的是（　　）。

A. 当导入到数据库的数据发生改变时，源数据库的数据也会发生相应变化

B. 导入到数据库的数据对象，其源数据对象不可删除

C. 当链接到数据库的数据发生改变时，源数据库的数据也会发生相应变化

D. 当源数据的存储位置发生改变时，不会影响到链接到数据库中的对象的使用

5. 在建立数据库安全机制后，进入数据库要依据建立的（　　）方式。

A. 权限

B. 建立的组的安全

C. 账户的 PID

D. 安全机制，包括账户、密码和权限

6. 在设置或撤销数据库密码前，一定要先使用（　　）方式打开数据库。

A. 只读　　　　　B. 独占　　　　　C. 独占只读　　　　　D. 共享

7. 下列说法正确的是（　　）。

A. 设置数据库密码是登录数据库之后判断用户权限，若密码正确，可以访问数据库

B. 设置数据库密码是登录数据库之前判断用户权限，若密码正确，可以访问数据库

C. 加密数据库和设置数据库密码是完全相同的

D. 设置数据库密码是对数据库的数据进行改写，即使非法用户打开了数据库也无法识别数据库中的数据

8. 下列说法正确的是（　　）。

A. 数据库的压缩和修复不能提高系统性能，只是改变文件的存储空间

B. 数据库使用一段时间后，会逐渐膨胀，但不影响运行速度

C. 经常对数据库进行压缩和修复，对应用程序本身的性能会有很大提高

D. 压缩和修复数据库不必要进行

二、填空题

1. 账户的权限分为_____和_____两种类型。

2. 在数据库系统中，安全措施可以通过几个方面来设置，主要包括_____、_____、用户级访问控制和_____。

3. 数据库安全性保护是指如何保护一个数据库免遭_____和_____。

4. 在 Access 2010 中可以使用的三种类型的密码是_____、用户级安全密码和 VBA 密码。

5. 压缩数据库文件实际上是重新组织文件在磁盘上的_____，从而除去碎片，重新安排数据，回收磁盘空间，达到优化数据库的目的。

6. 压缩和修复操作需要以_____方式访问数据库文件。

三、实训题

1. 压缩和修复"教学管理系统"数据库。

2. 备份"教学管理系统"数据库。

3. 为"教学管理系统"数据库设置密码。

附　录

模 拟 题

一、选择题

1. Access 数据库的文件扩展名是（　　）。

A．．accdb　　　　　B．．exe　　　　　C．．doc　　　　　D．．bmp

2. 数据字典是数据库设计需求分析阶段的重要工具之一，其最基本的功能是（　　）。

A．数据通信　　　B．数据维护　　　C．数据定义　　　D．数据库定义

3. 要在报表页中主体节区显示一条或多条记录，而且以垂直方式显示，应选择（　　）。

A．纵栏式报表　　B．标签报表　　　C．图表报表　　　D．表格式报表

4. 以下关于报表组成的叙述中错误的是（　　）。

A．用来显示报表中的字段名称或对记录的分组名称的是报表页眉

B．打印整份报表的汇总说明，在所有记录都被处理后，只打印在报表的结束处的是报表页脚

C．报表显示数据的主要区域叫主体

D．打印在每页的底部，用来显示本页的汇总说明的是页面页脚

5. 当在一个报表中列出学生三门课 a、b、c 的成绩时，若要对每位学生计算三门课的平均成绩，只须设置新添计算控件的控件源为（　　）。

A．"＝（a＋b＋c）/3"　　　　　B．"（a＋b＋c）/3"

C．"＝a＋b＋c/3"　　　　　　　D．"＝a＋b＋c/3"

6. 如果一个教师可以讲授多门课程，一门课程可以由多个教师来讲授，则教师与课程之间存在的联系是（　　）。

A．一对一　　　　B．多对多　　　　C．一对多　　　　D．多对一

7. 为窗体或报表上的控件设置属性值的宏操作是（　　）。

A．SetValue　　　B．MsgBox　　　　C．Echo　　　　　D．Beep

8. 下列 SQL 语句中，用于修改表结构的是（　　）。

A．CREATE　　　B．INSERT　　　　C．UPDATE　　　　D．ALTER

9. 如果在查询的条件中使用了通配符方括号（中括号），它的含义是（　　）。

A. 通配在方括号内列出的任意字符

B. 错误的使用方法

C. 通配不在括号内的任意字符

D. 通配任意长度的字符

10. 可以在一种紧凑的、类似电子表格的格式中，显示来源于表中某个字段的合计值、计算值、平均值等的查询方式是（　　）。

A. 参数查询　　　　B. 操作查询　　　　C. SQL 查询　　　　D. 交叉表查询

11. 在关于输入掩码的叙述中，错误的是（　　）。

A. 输入掩码中的字符"0"，表示可以选择输入数字 0~9 之间的一个数

B. 定义字段的输入掩码，是为了设置密码

C. 直接使用字符定义输入掩码时，可以根据需要将字符组合起来

D. 在定义字段的输入掩码时，既可以使用输入掩码向导，也可以直接使用字符

12. 执行下面的程序段后，x 的值为（　　）。

```
x = 5
For i = 1 to 20 step 2
x = x + i \ 5
Next i
```

A. 23　　　　　　B. 21　　　　　　C. 22　　　　　　D. 24

13. 为窗体指定数据来源后，在窗体设计窗口中，由（　　）取出数据源的字段。

A. 自动格式　　　B. 属性表　　　　C. 字段列表　　　　D. 工具箱

14. 使用宏组的目的是（　　）。

A. 设计出包含大量操作的宏　　　　　B. 设计出功能复杂的宏

C. 减少程序内存的消耗　　　　　　　D. 对多个宏进行组织和管理

15. 假定有以下程序段：

```
N = 0
For i = 1 to 3
    For j = 4 to -1
        N = N + 1
    Next j
Next i
```

运行完毕后，N 的值是（　　）。

A. 12　　　　　　B. 3　　　　　　C. 0　　　　　　D. 4

16. 以下几个属于 Access 的基本"数据库对象"的是（　　）。

A. 表、查询、报表、程序　　　　　　B. 表、窗体、报表、程序

C. 表、宏、模块、程序　　　　　　　　D. 表、查询、窗体、模块

17. 以下对于报表正确的描述是（　　　）。

A. 可以接收用户输入的命令和数据

B. 不可以在报表中嵌入图像或图片

C. 一个报表只可以分成 5 节，分别是：报表页眉、页面页眉、主体、页面页脚和报表页脚

D. 可以打印报表中的数据信息

18. 不属于报表类型的是（　　　）。

A. 纵栏式报表　　　B. 图表报表　　　　C. 数据表报表　　　　D. 表格式报表

19. 在查询设计视图中，（　　　）。

A. 可以添加数据库表，也可以添加查询

B. 不能添加数据库表，也不能添加查询

C. 只能添加数据库表

D. 只能添加查询

20. 窗体类型中将窗体的一个显示记录分隔，每列的左边显示字段名，右边显示字段的内容的是（　　　）。

A. 主/子窗体　　　B. 数据表窗体　　　C. 纵栏式窗体　　　D. 表格式窗体

二、操作题

1. 文件素材的存取路径为 D:\ SRC \ 770191。

打开"samp1. mdb"数据库，按照以下要求，完成操作：

（1）根据"tEmployee"表的结构，判断并设置主键。

（2）删除表中的"所属部门"字段；设置"年龄"字段的有效性规则为：只能输入大于 16 的数据。（提示：有效性文本不必写）

（3）在表结构中的"年龄"与"职务"两个字段之间增加一个新的字段；字段名称为"党员否"，字段类型为"是/否"型；删除表中职工编号为"000014"的一条记录。

（4）使用查阅向导建立"职务"字段的数据类型，向该字段键入的值为"职员"、"主管"和"经理"。

（5）设置"聘用日期"字段的格式为"短日期"。

（6）向"tEmployee"表中追加一条新记录，如图 10 - 1 所示。

编号	姓名	性别	年龄	党员否	职务	聘用时间	简历
000031	王涛	男	35	是	主管	2004-9-1	熟悉系统维护

图 10 - 1　新记录内容

2. 文件素材的存取路径为 D:\ SRC \ 770192。

打开“samp2. mdb”数据库，数据库内有表对象“tStud”和“tTemp”。tStud 是学校历年来招收的学生名单，每名学生均有身份证号。对于现在正在读书的“在校学生”，均有家长身份证号，对于已经毕业的学生，家长身份证号为空。

按照以下要求，完成操作：

（1）创建一个选择查询，要求显示已经毕业学生的“身份证号”、“姓名”，所建查询命名为“qT1”，查询结果如图 10－2 所示。

身份证号	姓名
101101196001012370	张春节
110107196201012370	李永飞
110107196410015670	王一
201101196001012370	王教育

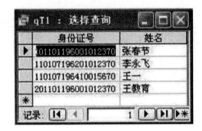

图 10－2　qT1 查询结果

（2）创建一个选择查询，要求显示所有在校的男同学学生的“身份证号”、“姓名”、“性别”和“家长身份证号”，所建的查询命名为“qT2”，查询结果如图 10－3 所示。

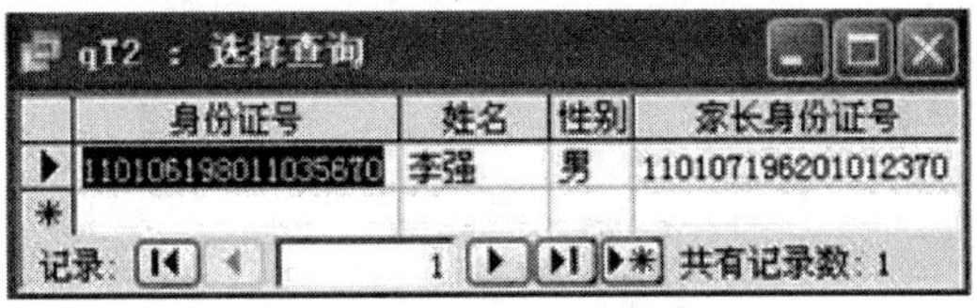

身份证号	姓名	性别	家长身份证号
110106198011035670	李强	男	110107196201012370

图 10－3　qT2 查询结果

（3）创建一个选择查询，要求计算出所有在校学生的总分，显示结果为：姓名、性别、总分（提示：总分的计算公式为：语文＋数学＋物理）、家长身份证号，查询命名为“qT3”，结果如图 10－4 所示；

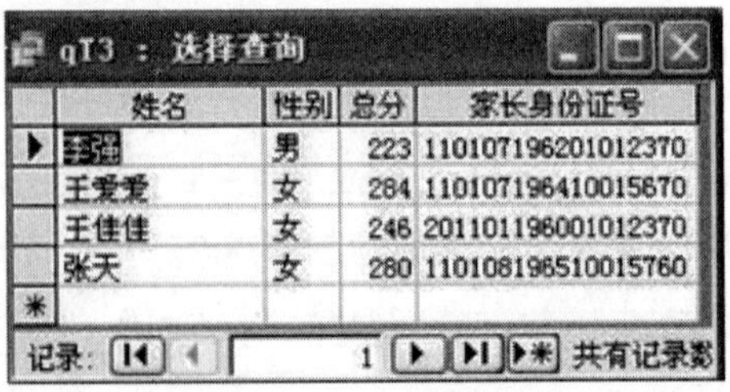

姓名	性别	总分	家长身份证号
李强	男	223	110107196201012370
王爱爱	女	284	110107196410015670
王佳佳	女	246	201101196001012370
张天	女	280	110108196510015760

图 10－4　qT3 查询结果

（4）创建一个追加查询，要求将表对象“tStud”中所有学生信息追加到空表“tTemp”中，其中，“tTemp”表中的出生日期为“tStud”表中的身份证号从第七位开始的 8 个字符，将查询命名为“qT4”。

3. 文件素材的存取路径为 D：\ SRC \ 770193。

打开"仓储管理系统．mdb"数据库，数据库内有表对象"储备表"和"库存表"，以及查询对象"库存信息查询"，按照以下要求，完成操作：

以查询对象"库存信息查询"为数据源，使用向导创建名称为"仓库库存明细"的窗体，在窗体中显示"库存信息查询"中所有字段，窗体使用的布局为纵栏表，使用的样式为标准。在窗体"仓库库存明细"的设计视图内，完成以下操作：

（1）在窗体的属性窗口内，将窗体的"记录选择器"和"分割线"都设为否；

（2）在窗体页眉中添加名称为标签1、标题为"仓库库存明细表"的标签（幼圆、16、加粗）；

（3）在窗体页脚中添加名称为"向前"、"向下"和"关闭"，标题为"前一项记录"、"下一项记录"和"关闭窗体"三个命令按钮，分别实现转到前一项记录、转到下一项记录和关闭窗体操作；

（4）在"库存明细"窗体中添加一个名称为"库存状态"的文本框，显示库存状态。若库存数量大于或等于最低储备，并且库存数量小于或等于最高储备，则在"库存状态"文本框中显示"正常"，否则显示"不正常"。

4. 文件素材的存取路径为 D：\ SRC \ 770194。

打开"ygb．mdb"数据库，数据库内有表对象"部门"表、"员工工资"表、"员工基本信息"表和窗体对象"部门工资统计"，完成以下操作：

以"员工工资"表和"部门"表为数据源，创建一个名称为"部门工资统计"的选择查询，能够查询出每个部门的平均基本工资和最高奖金。结果显示：部门．部门id、部门．部门、平均基本工资（基本工资之平均值）、最高奖金（奖金之最大值），结果如图 10 - 5 所示。

部门id	部门	平均基本工资	最高奖金
1	财政部	¥16,666.67	¥8,200.00
2	技术部	¥10,000.00	¥6,700.00
3	人力部	¥10,000.00	¥7,700.00
4	生产部	¥15,000.00	¥8,500.00
5	市场部	¥10,000.00	¥8,800.00
6	物流部	¥13,333.33	¥7,300.00

图 10 - 5 部门工资统计结果

打开窗体对象"部门工资统计"，完成以下操作：

（1）打开窗体的属性窗口，将窗体的导航按钮设置为"否"，最大、最小化按钮设置为"无"；

（2）在窗体上画一个标题为"部门id"、名称为Combo0的组合框，组合框内的数据来源于"部门"表中的部门id，按"部门id"升序排序；

（3）在窗体上画一个子窗体，子窗体的数据来源为查询对象："部门工资统计"；

（4）打开子窗体的属性窗口，修改子窗体的记录源，使得程序运行后，在组合框内选择"部门"后，在子窗体内只显示：部门 id、部门、平均基本工资和最高奖金，窗体运行结果如图 10 - 6 所示。

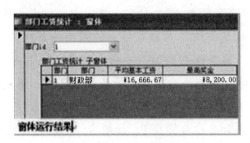

图 10 - 6　窗体运行结果

参考文献

［1］马蓉平主编：《Access 数据库技术》，哈尔滨工业大学出版社 2012 年版。

［2］朱定善、熊丽华主编：《数据库原理与应用（Access）》，中国水利水电出版社 2008 年版。

［3］赖利君主编：《Access 2010 数据库基础与应用（项目式)》，人民邮电出版社 2013 年版。

［4］李禹生主编：《数据库技术——Access 及其应用系统开发》，中国水利水电出版社 2007 年版。

［5］姜增如主编：《Access 2010 数据库技术及应用》，北京理工大学出版社 2012 年版。

［6］张强、杨玉明编著：《Access 2010 入门与实例教程》，电子工业出版社 2011 年版。

［7］苏林萍主编：《Access 数据库教程（2010 版)》，人民邮电出版社 2014 年版。